ANTIGUA ASIRIA

NUN
BIBLIOTECA

BIBLIOTECA NUN

Director de colección

RAÚL LÓPEZ LÓPEZ

Karen Radner

Antigua Asiria

Una breve introducción

ERASMUS
2024

COLECCIÓN · NUN

EGIPTO Y PRÓXIMO ORIENTE

ERASMUS EDICIONES

MUSEO LICEO EGIPCIO

Primera edición: septiembre de 2024
Título original: *Ancient Assyria: A very short introduction*

Director editorial: Raúl López López
Traducción y Corrección: Equipo Erasmus y Carmen Acuña Bueno
Diseño de cubierta: estudiodavinci
Ilustración de cubierta: Genio alado bendiciendo con motivo de cubo y cono, que representa una entidad semidivina. Relieve asirio del muro norte del palacio del rey Sargón II en Dur Sharrukin (actual Irak), 713-716 a.C. Louvre (AO 19865)
Diseño de colección: Alberto R. Torices
Maquetación: JesMart
Imprime y encuaderna: Liberdúplex

www.erasmuslibros.com editorialalmuzara.com
pedidos@almuzaralibros.com info@almuzaralibros.com

Parque Logístico de Córdoba. Ctra. Palma del Río, km 4 C/8, Nave 12, no 3.
14005 – Córdoba

I.S.B.N:978-84-10199-83-5
Depósito Legal: CO-1394-2024

Hecho e impreso en España *Made and printed in Spain*

A Amélie, con amor y admiración

ÍNDICE

AGRADECIMIENTOS

Deseo dar las gracias a Luciana O'Flaherty, Andrea Keegan, Jenny Nugee, Emma Ma y Carrie Hickman, de la editorial OUP, que supervisaron la génesis del libro desde su concepción hasta su finalización, así como a los expertos anónimos y a los lectores de la editorial que hicieron comentarios sagaces y alentadores sobre la propuesta y el manuscrito. Estoy en deuda con Hartmut Kühne, Julian Reade y Michael Roaf por su amable permiso para reproducir, respectivamente, dos imágenes del proyecto Tell Sheikh Hamad, un dibujo original y un plano del emplazamiento, y con Alessio Palmisano por crear el mapa con tan poca antelación.

Frans van Koppen y Erika Radner leyeron el primer borrador completo del libro, y Dieter Radner aportó algunas sugerencias clave para el capítulo 1, mientras que Amélie Kuhrt leyó el manuscrito final. Les estoy muy agradecido por sus sugerencias y su continuo apoyo. Mi agradecimiento se extiende a Paul, Dibbes y Mita por su influencia energizante y tranquilizadora en la atmósfera de mi estudio.

Capítulo 1

PRESENTACIÓN DE ASIRIA

La antigua Asiria es sólo uno de los muchos estados que florecieron en Oriente Próximo en los milenios anteriores al comienzo de la era común, pero este longevo reino fue sin duda uno de los más influyentes. En el siglo IX a.C., este estado se convirtió en el primer imperio del mundo. Las decisiones tomadas en las capitales imperiales del actual norte de Irak influyeron en vidas desde el Nilo hasta el mar Caspio, mientras que su herencia política, administrativa y de infraestructuras marcó profundamente la historia posterior de la región mediterránea en general y de Oriente Próximo.

La cultura asiria es a la vez familiar y extraña. Puede que compartamos el gusto asirio por los buenos vinos, pero quizá no elegiríamos langostas en un palo para picar. Un suministro de agua potable, aseos interiores y un sistema de alcantarillado que funcione bien en la casa familiar son tan importantes para nosotros como para los asirios urbanos, pero puede que nos parezca menos esencial tener una cámara funeraria subterránea accesible desde la sala de estar. Podemos felicitar a los compradores asirios por gozar de la protección del consumidor y de garantías ampliadas, pero quizá nos sorprenda comprobar que éstas se extendían a la compra de personas sujetas a una garantía de 100 días contra la epilepsia y la inestabilidad mental. La sombrilla plegable era un práctico invento asirio, pero llevar una era peligroso: su uso estaba exclusivamente reservado a la realeza y llevarla sin derecho era un acto de traición. Nosotros también metemos cartas en sobres, pero no son de arcilla.

Desde el redescubrimiento arqueológico de Asiria a mediados del siglo XIX, sus ciudades se han excavado ampliamente en Irak, Siria, Turquía e Israel, y otros yacimientos de Irán, Líbano y Jordania han proporcionado información importante. Gracias a que la arcilla duradera era el material de escritura más común de los asirios, sabemos tanto sobre su idiosincrasia y muchos otros detalles de su cultura.

LA CIUDAD-ESTADO DE AŠŠUR

La historia asiria comienza en la ciudad de Aššur, fundada a principios del tercer milenio a.C., probablemente como emporio comercial para abastecer de mercancías procedentes del norte a las ciudades sumerias del sur del actual Irak. A partir de mediados del tercer milenio a.C., las fuentes textuales documentan cómo la ciudad se integraba periódicamente en grandes estados centrados en el sur. La ciudad formó parte de los reinos de Acad, entonces bajo un gobernante local, y más tarde de los reyes de Ur. En la época de estos últimos, un funcionario de carrera era enviado desde el sur para gobernar la ciudad: Zarriqum ascendió más tarde a un puesto aún más prestigioso como regente de Elam en Irán.

Tras la desintegración del reino de Ur hacia el año 2000 a.C., Aššur volvió a ser una ciudad-estado independiente. Sus habitantes hablaban asirio. Es una lengua semítica, como el árabe y el hebreo modernos. El asirio es una lengua distinta, aunque estrechamente relacionada con el babilonio, que se utilizaba en las regiones al sur de Asur. En la antigüedad, sólo este último se denominaba «acadio», aunque hoy en día tanto el asirio como el babilonio se describen a menudo como dialectos acadios. Ambas lenguas utilizaban la escritura cuneiforme, pero sus respectivos signos tienen un aspecto muy diferente y los expertos los distinguen con facilidad.

Tras la independencia, los gobernantes locales hereditarios volvieron a gobernar la ciudad, pero no se autoproclamaron reyes, como habían hecho los señores de Akkad y Ur. En su lugar, afirmaban que «Aššur es el rey y Silulu es el representante de Aššur», como reza la inscripción de un gobernante de principios del segundo milenio a.C. El dios de la ciudad, que compartía su nombre y era la manifestación divina del lugar, era concebido como el soberano en cuyo nombre gobernaba el gobernante humano. En el siglo VII a.C., el rey Aššurbanipal todavía utilizaba la frase en un himno de alabanza al dios: «¡Aššur es rey, Aššur es rey y Aššurbanipal es su representante!». El regente de Aššur compartía el poder con el cuerpo colectivo de ciudadanos en la asamblea de la ciudad y con un funcionario elegido anualmente llamado *līmum*, cuyo nombre se utilizaba para fechar el año (p.ej. *līmum* de Ennam-Aššur' para 1760 a.C.), una práctica que se repite en otras comunidades del mundo antiguo con una fuerte tradición de gobierno colectivo (Atenas, por ejemplo, «arcontado de Solón» para 594 a.C.; Roma, por ejemplo, «consulado de César y Bíbulo» para 59 a.C.). Especialmente bien atestiguado está el periodo del siglo XIX a.C., cuando empresas mercantiles familiares con sede en Aššur establecieron una red de rentables colonias comerciales en Anatolia. Durante todo ese tiempo, la denominación «asirio» se refería únicamente a la ciudad de Aššur y a sus habitantes.

EL NACIMIENTO DE ASIRIA

A partir del siglo XVIII a.C., Aššur volvió a estar bajo el control directo de estados regionales más grandes, pero conservó una fuerte identidad cultural. La era de la ciudad-estado integrada en estructuras políticas más amplias llegó a su fin cuando el último soberano de Aššur, Mittani (Hanigalbat para los asirios), entró en decadencia en el siglo XIV a.C. Los gobernantes de Aššur aprovecharon el vacío de poder para establecer su ciudad como centro de un estado territorial que incorporaba la mayor parte de lo que hoy es el norte de Irak. Por primera vez, adoptaron el título de rey. Su reino se convirtió en la potencia dominante del norte de Mesopotamia, ya que jugaron hábilmente a el juego de la diplomacia internacional, manejando cuidadosamente las relaciones con Estados como Babilonia y Egipto para promover sus propios fines.

El triángulo entre Aššur, Nínive y Arbela constituyó el núcleo de un estado que posteriormente gobernó gran parte de la península en Oriente Próximo. Cada vez que las regiones se integraban como provincias, sus habitantes eran contados como «asirios», lo que se justificaba ideológicamente por su contribución al culto del dios Aššur. A finales del siglo XIII a.C., Asiria controlaba la mayor parte de las antiguas posesiones de Mittani. Las fronteras occidentales del reino llegaban hasta el Éufrates y el reino se imponía políticamente y en el campo de batalla a sus competidores del sur y noroeste, los reinos babilónico e hitita.

Cuando estos estados se debilitaron y, en el caso del reino hitita, se desintegraron por completo durante la época de las grandes migraciones que marcaron el final de la Edad de Bronce Tardía, la organización política y social de sus antiguos territorios cambió drásticamente. También Asiria sufrió pérdidas territoriales, pero mantuvo el control sobre su bien protegido núcleo sin que la monarquía asiria y la estructura del reino sufrieran amenazas significativas. En el discurso político, los arameos, una de las poblaciones que, según las fuentes del siglo XI a.C., se habían desplazado, eran considerados intrusos destructivos, cuyos territorios arrebatados ilegalmente debían ser absorbidos de nuevo por el reino de Asiria, su legítimo propietario.

LA CREACIÓN DE UN IMPERIO

A diferencia de las regiones colindantes, Asiria nunca había perdido sus tropas de carros y podía permitirse mantener financiera y socialmente esta rama especializada de las fuerzas armadas. Esto y la extensión del reino, muy superior a la de los estados vecinos, dieron al reino una ventaja en sus posteriores guerras de conquista. Comenzaron en el siglo X, cuando las fuentes asirias contemporáneas citan de forma destacada el deber de recrear el reino perdido y rescatar a los asirios que habían quedado tras las fronteras en retirada.

A mediados del siglo IX a.C. se había restablecido la antigua extensión máxima de Asiria. El Estado resultante se denomina hoy en día el «Imperio Asirio». Su organización política se transformó profundamente a favor del rey con la creación de la megaciudad de Kalhu como centro imperial y un amplio y sostenido programa de reubicación de sus poblaciones para servir mejor a los intereses estatales.

Un largo periodo de expansión territorial de tres décadas significó que en el año 700 a.C., las tierras desde la costa mediterránea hasta Hamadán (Ecbatana) en Irán, desde Capadocia hasta el Golfo Pérsico estaban bajo control asirio directo. Hasta finales del siglo VII a.C., el imperio era la potencia política, económica y cultural sin parangón de Oriente Próximo y la región del Mediterráneo oriental.

EL FIN DEL IMPERIO

Sin embargo, Nabopolasar, rey del antiguo reino cliente de Babilonia, recientemente independizado, y un ejército medo dirigido por Ciaxares, iniciaron una guerra que duró una década. En el 614 a.C., la ciudad de Aššurfue capturada y el templo de su dios destruido. En el 612 a.C., Nínive, la capital de la época, perdió la vida y el último rey legítimo, Sin-zarru-iškun, murió defendiendo su ciudad y su imperio. Con base en la ciudad de Harran, la defensa del imperio continuó bajo el príncipe heredero durante algunos años más. Sin embargo, como ya no podía ser coronado en el templo de Aššur, la costumbre sagrada que confirmaba al rey como representante de la deidad y servía de espina dorsal ideológica de la pretensión imperial al poder se vio dolorosamente trastocada. Como Aššur-uballit II, un nombre seguramente elegido deliberadamente para invocar al primer rey asirio del siglo XIV a.C., este último gobernante fue coronado en el templo del dios de la luna de Harran, una de las mayores deidades asirias. Pero mientras que esto era suficiente para los comentaristas babilonios, las fuentes asirias contemporáneas sugieren que todavía sólo se le consideraba el príncipe heredero. La falta de la bendición de Aššur debió de dañar gravemente la autoridad de este último gobernante asirio y ni siquiera el apoyo militar de aliados de Egipto y del reino iraní de Mannea pudo salvar el imperio.

La mayor parte de la población del núcleo asirio volvió a asentarse en Babilonia, donde Nabopolasar y su sucesor Nabucodonosor transformaron su capital, Babilonia, en un centro imperial que rivalizaba con sus prototipos asirios de Kalhu, Dur-Šarrukin y Nínive. Nadie se hizo cargo del mantenimiento de estas ciudades, cuyo enorme tamaño y población sólo podían sostenerse con extensos y costosos sistemas de irrigación regionales que apoyaran el suministro de agua dulce. Sin mantenimiento, los canales y acueductos pronto se dilapidaron y nunca volvieron a utilizarse. En Nínive, los cadáveres de los que murieron defendiendo la ciudad nunca se retiraron, como demuestran los espantosos descubrimientos de la puerta Halzi de Nínive. En Kalhu, los cadáveres de los ejecutados fueron arrojados al pozo que suministraba agua potable a la ciudadela, lo que ilustra el deseo de destruir y echar a perder, en lugar de apropiarse, el núcleo asirio.

LA HISTORIA ASIRIA DESPUÉS DEL IMPERIO

Sin embargo, la historia asiria no había terminado. Por un lado, continuó en el exilio. En la ciudad de Uruk, al sur de Babilonia, un grupo de expatriados asirios mantuvo en el siglo VI a.C. un pequeño santuario dedicado al dios Aššur, y mucho más tarde, en el siglo II a.C., cuando la ciudad formaba parte del Imperio Seléucida, se seguían practicando las tradiciones típicas asirias en el culto y la erudición. Y en Aššur, el templo de su dios se restableció después del año 539 a.C., aunque a una escala mucho más modesta. Según el Cilindro de Ciro, tras conquistar Babilonia, Ciro el Grande, rey de Persia, concedió permiso para hacerlo:

> Desde Babilonia envié de vuelta a sus lugares, a los santuarios al otro lado del río Tigris cuyos santuarios se habían deteriorado antes, a los dioses que vivían en ellos: a Aššur, Susa, Akkad, Ešnunna, Zamban, Meturan, Der,

> hasta la frontera de Gutium (es decir, la cordillera de Zagros). Les construí santuarios permanentes. Reuní a toda su gente y los devolví a sus asentamientos.

En este pequeño santuario se reunieron documentos relacionados con el dios y su santuario desde principios del segundo milenio a.C. hasta su destrucción en el 614 a.C., lo que demuestra un profundo conocimiento y aprecio del glorioso pasado de la ciudad. En el siglo I d.C., cuando Aššur alcanzó la riqueza y la prominencia como centro comercial del reino de Hatra, el santuario se reconstruyó de nuevo a escala monumental.

En aquella época ya existía una comunidad cristiana bien establecida en Hatra (Bardaisan, Liber legum regionum 46), y tal vez también se practicaba el cristianismo en Asur. En cualquier caso, mientras que el nuevo templo y el culto a Aššurfueron víctimas de la conquista sasánida del reino de Hatra hacia 240 d.C., las iglesias orientales florecieron posteriormente y las tradiciones cristianas locales otorgaron nuevos papeles a personajes y lugares destacados de la historia asiria, al margen de la información recogida en la Biblia. Así, la ciudad de Aššur y el rey Senaquerib aparecen en la leyenda del mártir del siglo IV, San Behnam, que se convirtió al cristianismo después de que el santo local San Mateo (en arameo, Mar Mattai) curara milagrosamente a su hermana. Senaquerib se hizo pasar por el padre real de Behnam y ordenó la ejecución del príncipe. A su vez, el rey fue atacado por una enfermedad y sólo se curó cuando aceptó ser bautizado por San Mateo en la ciudad de Aššur. Agradecido, Senaquerib fundó entonces el monasterio de Deir Mar Mattai, cerca de Mosul, uno de los centros del Maphrianato de Oriente (es decir, las iglesias ortodoxas siríacas al este del Éufrates). En la actualidad, los grupos cristianos siríacos de la Iglesia de

Oriente procedentes del antiguo núcleo asirio (nestorianos y jacobitas) se identifican a sí mismos como «asirios». Los orígenes de esta visión siguen siendo objeto de debate, pero son anteriores a los espectaculares descubrimientos arqueológicos de mediados del siglo XIX que situaron a Asiria en el mapa para el resto del mundo.

Capítulo 2

LUGARES ASIRIOS

En este capítulo nos encontramos con la ciudad donde empezó todo y la ciudad donde se reunió por primera vez el imperio del primer milenio: Aššur y Kalhu son dos de los yacimientos arqueológicos más significativos de Irak. Un vistazo a la colonia comercial de Kaneš, en Turquía Central, nos permitirá investigar más a fondo la historia asiria de principios del segundo milenio a.C., mientras que Dur-Katlimmu, un importante centro provincial en Siria, servirá para subrayar el impacto de la expansión de Asiria a partir del siglo XIII a.C. La historia de la exploración de estos lugares clave permitirá comprender el redescubrimiento de Asiria desde mediados del siglo XIX.

AŠŠUR: EL DIOS Y SU CIUDAD SAGRADA

La ciudad de Aššur(figura 1) está situada en el extremo sur de la región central del reino asirio, un triángulo formado por sus tres ciudades más importantes: Asur, Nínive al norte y Arbela al este. El núcleo del reino asirio tiene una superficie aproximada de 4.000 km2 y se corresponde, por ejemplo, con el estado norteamericano de Rhode Island (4.000 km2) o, en Gran Bretaña, con el condado de Suffolk (3.800 km2). En el extremo septentrional del triángulo, bajo la expansión urbana de Mosul, la mayor ciudad del norte de Irak, se en-

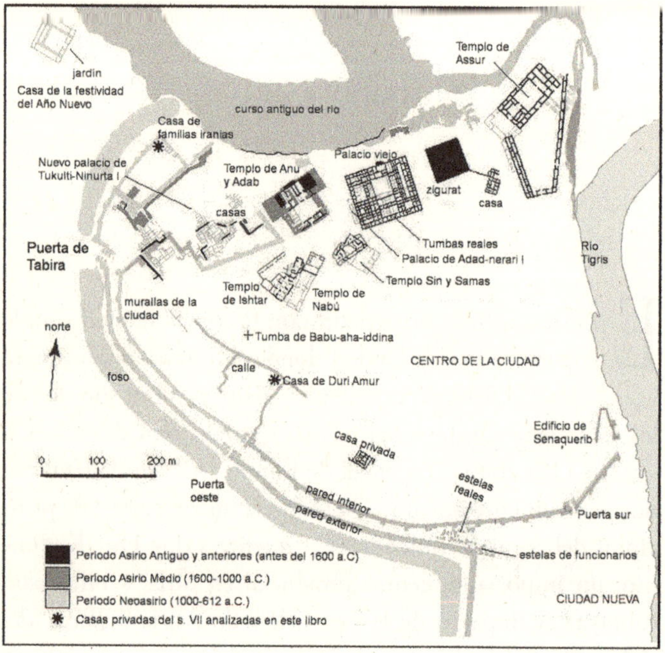

1. La ciudad de Aššur.

cuentran las ruinas de la antigua Nínive, que se excavan intermitentemente desde 1842. Nínive supervisa un importante vado sobre el Tigris que es el final natural de la ruta terrestre que llevaba a lo largo de las estribaciones meridionales de la cordillera del Tauro hasta la costa mediterránea y Anatolia. En el extremo oriental del triángulo, Arbela ha conservado hasta hoy su antiguo nombre, como Erbil, es ahora la capital de la región autónoma kurda de Irak. La exploración de su patrimonio arqueológico no comenzó hasta hace poco, en 2006. Arbela está situada en la franja occidental de la cordillera de los Zagros y controla varias rutas a través de las montañas hacia Irán. Al igual que Nínive, la ciudad de Aššur se encuentra en un importante vado del

Tigris, pero en la orilla occidental del río. Situada en una posición estratégica excelente sobre un afloramiento rocoso que se eleva sobre un recodo del río, el lugar es una fortaleza natural. Desde allí, se controla la ruta terrestre que conduce al oeste a través de la estepa hacia los valles del Jabur y el Éufrates, y desde allí hacia Siria occidental o a través de los montes Tauro hacia Anatolia.

El núcleo de Asiria ocupaba un importante nudo de la red comercial terrestre de los metales indispensables para la economía de Oriente Próximo. El estaño, junto con el cobre, era esencial para la fabricación de la aleación binaria bronce, el material preferido para herramientas y armas desde el cuarto hasta bien entrado el primer milenio a.C. Desde las minas de Asia Central en lo que hoy es Afganistán, Uzbekistán y Tayikistán, el estaño se transportaba a través de Irán y hasta el actual Irak, al alcance del triángulo asirio. La plata era la moneda preferida del antiguo Oriente Próximo y procedía principalmente de los yacimientos de Anatolia, las legendarias "Montañas Plateadas". Las regiones situadas inmediatamente al norte y al este del núcleo asirio están ocupadas por las cadenas montañosas de Tauro y Zagros, que ofrecen mineral de hierro, madera y piedra, así como pastos para el ganado vacuno y caballar. Al oeste se extienden las estepas de al-Yezira (la «isla» entre el Éufrates y el Tigris); buenos pastos para las ovejas. Al sur se encuentra Babilonia, en la llanura aluvial del Éufrates y el Tigris, cuya promesa de prosperidad está estrechamente vinculada a su capacidad para mantener el riego artificial a gran escala y con gran intensidad de mano de obra mediante una red de canales, y por tanto a la organización política de la región.

Con la notable excepción de Aššur, el núcleo asirio se encuentra en la orilla oriental del Tigris. Perteneciente a la zona climática mediterránea, su agricultura es de secano y, por tanto, fundamentalmente diferente de la de Babilonia, que depende totalmente del riego artificial. La región es un granero natural, alimentado por suelos muy buenos en un entorno físico llano favorable al cultivo a gran escala. Los principales cultivos eran la cebada y el trigo, que se cosechaban en otoño. Aššur está situada en una frontera geoecológica donde el favorable clima mediterráneo da paso a la zona árida esteparia. Como única ciudad asiria central situada en la orilla occidental del Tigris, Aššur era un punto de contacto clave con los pastores que utilizaban esta región seca con sus rebaños de ovejas, y su posición geográfica favorecía su función como centro comercial. La ciudad aparece como un importante emporio sobre todo en los textos de principios del segundo milenio a.C. El material relativamente limitado disponible de Aššurse complementa con las fuentes textuales extremadamente ricas de una de sus colonias comerciales en Anatolia, en la ciudad de Kaneš.

EL DIOS AŠŠUR

La autodenominación de Asiria a partir del siglo XIV a.C. es «tierra de Aššur » (*māt Aššur*). Llamamos a este estado Asiria, utilizando el término griego. Esto oculta algunos de los matices de su nombre original, que se refiere tanto a la ciudad de Asur, el centro original del Estado y el lugar de origen de su dinastía gobernante, como a la deidad del mismo nombre cuyo antiguo templo dominaba la ciudad. El dios Aššur y la ciudad de Aššur son inseparables, ya que la deidad es la personificación del peñasco rocoso llamado Qal'at Sherqat en árabe, que se eleva sobre un recodo del río Tigris. Con forma de proa de barco, este peñasco triangular se eleva 40 metros por encima del valle y proporcionó cobijo y oportunidades

1. Relieve de piedra que representa al dios Aššur y dos manantiales divinizados. De Aššur.

a las gentes que se asentaron allí al menos desde mediados del tercer milenio antes de Cristo. A medida que la ciudad se desarrollaba, las defensas naturales proporcionadas al norte y al este por los acantilados rocosos y el Tigris se completaron con la construcción de una muralla en forma de media luna, lo que resulta en un área cerrada de unas 65 hectáreas.

Nombres populares asirios como Aššur-duri, «El dios Aššur es mi fortaleza»; Dur-makî-Aššur, «Una fortaleza para los débiles es el dios Aššur»; Aššur-nemedi, «El dios Aššur es mi base»; o Aššur-šaddî-ili, «El dios Aššur es una montaña divina», ilustran que la deidad podía percibirse como un espacio muy concreto. Un relieve en piedra de principios del segundo milenio a.C. (figura 2) representa a Aššur en consonancia: utilizando el típico diseño a escala reservado a las montañas en el arte asirio, muestra al dios como un pico rocoso del que emerge el torso de un hombre barbudo, acompañado de dos fuentes divinizadas y plantas brotadas que alimentan a dos cabras, los animales emblemáticos de la deidad.

El santuario de Aššur en la cima del peñasco era el núcleo de la ciudad y, más tarde, la tierra de Aššur. Recibió varios nombres: como Eamkurkurra «la Casa del Toro Salvaje de las Tierras» a principios del segundo milenio y como Ehursagkurkurra «Casa de la Montaña de las Tierras» a finales del segundo milenio, y como Ešarra «Casa del Universo» en el primer milenio a.C. Todos estos nombres están en la lengua sumeria que se hablaba en el sur de Irak en el tercer milenio, cuando se fundó la ciudad de Aššur, y más tarde siguió utilizándose en rituales y estudios.

Como emplazamiento del único templo del dios, la ciudad de Aššur fue el núcleo de su reino durante milenios, y los habitantes cuidaron del santuario hasta que su última manifestación fue destruida hacia 240 d. C. En el siglo XII a.C. se le atribuye a un gobernante llamado Ušpia, que se cree que vivió un milenio antes, la construcción de la versión más primitiva del enorme complejo de templos que en aquella época ocupaba la cima del peñasco. El gobernante asirio era considerado el agente humano de Aššur, investido por la gracia de la deidad con el poder de gobernar y, al mismo tiempo, su sacerdote principal, lo que le confería autoridad religiosa y política. Ušpia y sus sucesores tenían el privilegio y el deber de cuidar del templo del dios, y numerosas inscripciones halladas en el santuario celebran las obras de construcción realizadas en él.

EXCAVACIÓN DE AŠŠUR

El santuario de Aššur fue explorado durante las excavaciones alemanas de 1903 a 1914 dirigidas por Walter Andrae, que vivió y trabajó allí durante más de una década, investigando Aššur y los yacimientos cercanos con la ayuda de unos pocos ayudantes, normalmente, como el propio Andrae, arquitectos de formación, y cientos de obreros locales. En Irak, los excavadores arqueológicos especializados se llaman sherqatis porque la profesión se originó con los trabajadores de Andrae en Qal'at Sherqat.

La mayoría de los objetos desenterrados durante estas excavaciones se encuentran ahora en el Vorderasiatisches Museum de Berlín y en el Museo Oriental de Estambul, ya que los hallazgos se repartieron entre la Sociedad Oriental Alemana, que financió los trabajos, y las autoridades otomanas, que controlaban Irak en aquella época. Además de algunas excavaciones alemanas, los equipos iraquíes han continuado esporádicamente con la exploración de Aššur desde 1978, pero son los muchos años de trabajo ininterrumpido de Andrae en el yacimiento los que constituyen la base de nuestro conocimiento detallado de la ciudad. Andrae excavó la parte septentrional del yacimiento, donde se encuentra el complejo del templo de Aššur, con su maciza torre escalonada, está rodeada de otros santuarios y de los palacios reales. Arquitecto de formación, su principal objetivo era recuperar los planos de estas estructuras monumentales y reconstruir su historia constructiva. Pero también quería comprender la ciudad en su conjunto, por lo que excavó metódicamente zanjas de 10 metros de ancho en todo el recinto, una cada 100 metros. De este modo, descubrió partes de muchas casas privadas del último periodo del Imperio asirio. Cuando Aššur fue capturada en 614 por las fuerzas de Ciaxares, rey de los medos, muchas de estas casas fueron incendiadas; a diferencia de los edificios monumentales, que fueron saqueados a conciencia antes de su destrucción, la excavación de los barrios privados ha proporcionado numerosos hallazgos, entre ellos tablillas de arcilla que se cocieron en el fuego y se conservaron así de forma ideal. Estos textos, en su mayoría documentos jurídicos, pero también cartas y, en algunos casos, importantes bibliotecas de composiciones eruditas y literarias, proporcionan una visión excepcional de la vida de los habitantes de Aššur en el siglo VII a. C. Encontraremos algunos de ellos en los capítulos 3 y 5.

Las casas contaban con tumbas subterráneas donde se enterraba a los difuntos de la familia, normalmente construidas debajo de la habitación más interior donde se guardaba el archivo familiar. Las criptas se conservaron incluso cuando las casas fueron reconstruidas o arrasadas. Andrae descubrió varias que se remontan al segundo milenio a.C., entre ellas en 1908 los riquísimos enterramientos de hombres y mujeres de la familia de Babu-aha-iddina («Tumba 45»), parte de cuyo archivo se descubrió cerca del pozo de entrada que conduce a la bóveda subterránea. Las cartas y los textos administrativos documentan las actividades empresariales privadas de este alto funcionario del Estado que sirvió bajo el mandato de varios reyes en el siglo XIII a.C. y llaman la atención sobre la amplia gama de manufacturas especializadas de la familia, que se concentraba en la creación de costosos productos acabados como perfumes, carros, arcos compuestos y artículos de lujo de cuero y textiles, utilizando materiales raros adquiridos a grandes distancias. Los bellos objetos con los que dos cuerpos, que se cree que son Babu-aha-iddina y su esposa, de los restos de los primeros enterramientos familiares incluyen elaboradas joyas de oro y piedras preciosas, peines, alfileres y recipientes de marfil de intrincada talla y vasijas de piedra suntuosamente decoradas, lo que da una vívida impresión del lujoso estilo de vida que disfrutaba la élite asiria en una época en la que el reino se había convertido en la principal potencia política de Oriente Próximo.

EL ÚNICO TEMPLO DEL DIOS AŠŠUR

Uno de los principales objetivos de las excavaciones de Walter Andrae era la exploración del templo de Aššur. Pero su investigación apenas pudo llegar a las primeras partes del santuario porque están cubiertas por enormes construcciones posteriores, todas realizadas en adobe, el material de construcción tradicional de Oriente Próximo. Las estructuras conectadas más antiguas que Andrae pudo descubrir datan de principios del segundo milenio a.C., en una época en la que los ingresos procedentes de las florecientes colonias comerciales de Anatolia engrosaban las arcas de la ciudad. Las primeras inscripciones de construcción recuperadas en el templo datan de la época de la fundación de estas colonias y fueron escritas en nombre de Erišum I. En ellas se describe cómo este gobernante dedicó un nuevo trono al dios Aššur y cómo se derribaron casas particulares para aumentar la superficie reservada al santuario. Sobre el santuario de Aššur, Erišum escribe:

> El nombre de ese templo es «Toro salvaje», el nombre de la puerta es «Diosa protectora», el nombre de la

cerradura es «¡Sé fuerte!» y el nombre del umbral es «¡Estate alerta!».

El santuario y sus componentes se consideraban animados, incluso sensibles. Ellos y todos los objetos utilizados en el templo eran creados y mantenidos por expertos artesanos: constructores, carpinteros, herreros, orfebres, escribas y otros. Los artesanos del templo también se encargaban de dar forma y despertar (con un ritual llamado «Apertura de la boca») a las estatuas de Aššur y de los demás dioses venerados en la ciudad. Algunos tenían sus propios templos, como Ištar, la diosa del sexo y la batalla, de cuyo santuario reconstruido repetidamente de las excavaciones de Andrae consiguieron sacar a la luz el santuario interior de principios del tercer milenio, con las estatuas de piedra de los adoradores de la diosa recubriendo sus paredes. El dios de la tormenta Adad y el dios del cielo Anu compartían templo, al igual que el dios de la luna Sin y el dios del sol Šamaš, pero la mayoría de las deidades eran veneradas en el vasto complejo sagrado de Aššur.

Con el tiempo, a medida que el reino asirio crecía, más y más dioses llegaron a «vivir» en el templo de Aššur, en parte como resultado de la práctica de apoderarse de las estatuas divinas de los enemigos derrotados y reubicarlas en el santuario de Aššur. La lista de ocupantes del templo era tan larga en el primer milenio a.C. que se compuso un texto erudito, hoy llamado Directorio divino de Aššur, para trazar la compleja topografía del santuario. Las estatuas de los dioses se consideraban manifestaciones de las deidades y, al alojarse como huéspedes o rehenes de Aššur en su casa, estos dioses aceptaban, a la vista de todos, la soberanía de Aššur. Cuando en el año 700 a.C. el rey Senaquerib, por ejemplo, capturó estatuas de Attar-šamayin, Day, Nuhay, Rudaw, Abir-ilu y Attar-qurumâ, «los dioses de los árabes», en el oasis de

Adummatu (Dumat al-Jandal en Arabia Saudí) y los colocó en el templo de Aššur, lo que tuvo consecuencias políticas inmediatas para las tribus árabes. Se encontraron abandonados por sus dioses, que además parecían reconocer a Aššur como su anfitrión y señor. La estrategia del secuestro de dioses tenía por objeto persuadir a los enemigos o aliados reacios a seguir el ejemplo de sus deidades y aceptar el dominio asirio. A menudo tenía éxito, como en este caso.

Los siervos de Aššur tenían el privilegio y el deber de ofrecer a su dios sacrificios regulares en forma de banquetes diarios. Ovejas, vacas y aves de corral, así como otros ingredientes para estas comidas, a saber, cebada, trigo, *emmer* (trigo descascarillado), sésamo, miel y fruta de temporada, incluidas manzanas e higos, eran entregados periódicamente desde todas las regiones de su dominio al santuario. Estos ingredientes no eran especialmente raros y podrían haberse obtenido fácilmente por otros medios. Puede haber tenido poco sentido logístico el hecho de que tenían que ser suministrados, en cantidades relativamente pequeñas pero con regularidad, por parte de todos a través del reino, a veces a grandes distancias, pero era de suma importancia ideológica: todos los súbditos de Aššur tenían que participar conjuntamente en el cuidado del dios. De este modo, el reino se definía como la comunidad de adoradores de Aššur. A la inversa, la negativa a proveer la comida del dios se consideraba, por supuesto, un acto de traición.

Una vez que los ingredientes llegaban a Aššur, los carniceros, panaderos, cerveceros y prensadores de aceite del templo –todos ellos hombres– procesaban los materiales y preparaban los platos que luego se servían a Aššur. Los especialistas culinarios quizá no coincidan de inmediato en un contexto en el que la preparación ritual y la celebración de un banquete diario en honor de la deidad constituían el núcleo del culto del templo, formaban parte del personal sacerdotal. Al igual que los artesanos responsables de los objetos del templo y del culto, todo el personal de cocina debía ser ritualmente puro para poder interactuar tan íntimamente con la deidad. Como muestra visible de su pureza, todo el personal del templo debía ir bien afeitado. Mientras que otros hombres asirios solían llevar el pelo hasta los hombros y barba (salvo los eunucos que desempeñaron funciones clave en el imperio a partir del siglo IX a.C.), el personal del templo debía ser calvo y sin vello facial. Estas normas no se relajaron hasta el siglo VII a.C., y algunos miembros del personal de cocina de Aššur «permanecieron con pelo» durante varios años antes de ser afeitados.

En 1911 Andrae encontró más de 650 tablillas de arcilla en uno de los edificios del complejo del templo de Aššur, archivadas en diez grandes recipientes de cerámica, que contenían partes de los registros de cuatro administradores sucesivos del templo responsables de la organización de las comidas del dios en el siglo XII y principios del XI a.C. Cuando el edificio se modificó estructuralmente en un momento en que estos registros ya no eran relevantes, las pesadas vasijas simplemente se dejaron en su lugar y se enterraron dentro de la nueva construcción. Como los documentos registran las entregas de las veintisiete provincias que constituían el reino, permiten reconstruir con detalle la organización política de Asiria, que en aquella época abarcaba las tierras desde el Éufrates hasta el Bajo Zab. Incluso cuando la corte real y el centro del poder político y el gobierno se trasladaron fuera de Aššur en el periodo imperial –a Kalhu en 879 a.C., luego a Dur-Šarrukin en 706 a.C. y finalmente a Nínive hacia 700 a.C.–, la fiesta de Aššur siguió organizándose de la forma establecida, con la participación de todas las provincias (unas setenta y cinco hacia la década de 670 a.C.). Como demuestran los textos administrativos hallados en el palacio real de Nínive, la organización de la comida de Aššur siguió siendo un asunto de importancia estatal.

Como se creía que los dioses consumían sus comidas mediante el olfato, las «sobras» del festín de Aššur, como se llamaba a los platos una vez retirados de la mesa de ofrendas, podían distribuirse posteriormente. Un estricto protocolo regulaba quién recibía qué parte de las sobras, siendo los cortes de carne los considerados más prestigiosos. El soberano asirio, considerado el representante terrenal del dios Aššur, encabezaba naturalmente la lista de destinatarios que abarcaban al personal del templo y a dignatarios de todo el reino, incluidos los gobernadores provinciales. Para llegar hasta ellos, los platos debían transportarse a grandes distancias, al igual que antes los ingredientes con los que se habían preparado. El hecho de que los alimentos ya no fueran frescos no era un problema, ya que comer del festín divino era una bendición más que una experiencia culinaria: «Quien coma las sobras vivirá», como dice un funcionario real en el siglo VII a.C. Participar así en la comida de Aššur era un gran privilegio y unía a los funcionarios asirios entre sí y con el dios, por muy lejos que estuvieran de su templo. Incluso cuando fue abandonada como centro político después del año 879, la ciudad de Aššur nunca perdió su importancia ideológica fundamental.

LA CIUDAD DE AŠŠUR DESPUÉS DE ASIRIA

El barrio del templo de Aššur se llamaba Libbali, «corazón de la ciudad», denominación que aparece por primera vez en textos del siglo XIII a.C., aunque es muy probable que sea anterior. El nombre pasó a utilizarse como sinónimo de toda la ciudad, presumiblemente porque así se evitaba la confusión con dios y país. Según los compendios geográficos de Ptolomeo de Alejandría (siglo II d.C.; como Labbana) y Esteban de Bizancio (siglo VI d.C.; como Libana) y posiblemente también la Tabula Peutingeriana (copia de 1200 d.C. de un mapa romano original; mal escrito como Sabbin), la ciudad seguía conociéndose con este nombre mucho más tarde, en la época imperial romana, cuando formaba parte del reino de Hatra. En aquella época, el culto a Aššur (ahora llamado Assor) seguía practicándose según las tradiciones y el calendario de festivales milenarios, aunque con un barniz contemporáneo. El templo había sido reconstruido con una arquitectura de estilo parto moderno y los habitantes de la ciudad invocaban ahora a la deidad con sus nombres árabes, en lugar de asirios. Pero el culto sólo tenía importancia local y eran los señores de la ciudad, y no los reyes de la cercana Hatra, quienes patrocinaban el santuario. Se veían a sí mismos firmemente en la tradición de los antiguos reyes asirios, como quizás ilustran mejor las estelas con inscripciones erigidas en la puerta de acceso al templo de Assor. Comparten la típica forma redondeada de las estelas reales asirias (véase la figura 8) y muestran a señores de la ciudad como R'uth-Assor («Alegría de Aššur ») en el mismo gesto de oración que los reyes asirios en sus monumentos, aunque con un traje pantalón de estilo parto en lugar de la tradicional vestimenta asiria de chal y con una inscripción en arameo alfabético en lugar de cuneiforme asirio (figura 3).

Las invasiones del reino de Hatra bajo los reyes sasánidas Ardashir I y Shapur I a partir del año 240 condujeron a la violenta destrucción del templo de Assor y de toda la ciudad y a la dispersión de sus habitantes. En épocas posteriores, el peñasco sirvió a menudo de fortaleza, más recientemente en época otomana, lo que no es de extrañar, dada su excelente posición estratégica. Pero el santuario y el culto de Aššur

3.Estela de R'uth-Assor, maestro (Maryo) de Labbana/Assor.

nunca se recuperaron, aunque los desolados restos de la torre escalonada en ruinas del templo asirio sirven aún hoy como inquietante recordatorio de la época en que este gran santuario era el centro religioso de un imperio que se extendía desde el Mediterráneo hasta Irán Central.

KANEŠ: UN «PUERTO» EN TURQUÍA CENTRAL

Mucho antes de que los sacrificios para el dios Aššur llegaran a su ciudad desde regiones situadas más allá de los montes

Tauro, se juraron tratados en su nombre para proteger los intereses de su ciudad y sus habitantes. Según estos tratados, Aššur no es el amo sin igual del universo que estipula su voluntad. Por el contrario, está en pie de igualdad con las deidades que se creía que guiaban y protegían a las otras partes: los gobernantes de los principados de Anatolia a principios del segundo milenio a.C. Según lo acordado en estos tratados y protegidos por juramento, los líderes locales permitían a los comerciantes asirios el libre paso y, dependiendo del lugar, el derecho de residencia en una colonia comercial a cambio de una parte de sus beneficios.

Uno de los socios más importantes del tratado fue el gobernante de Kaneš, hoy uno de los yacimientos arqueológicos mejor explorados de Turquía Central. Está situado a unos 20 kilómetros de la moderna ciudad de Kayseri y domina una fértil llanura donde confluyen varias rutas de largo recorrido que conectan Anatolia occidental y septentrional con Siria. El nombre moderno del yacimiento, Kültepe, significa «montículo de ceniza». Esto hace referencia al hecho de que durante su larga existencia, desde el año 3000 a.C. hasta principios de la época romana, el antiguo asentamiento fue destruido repetidamente por el fuego, que dejó tras de sí enormes capas de ceniza. Como siempre en este caso, esto resultó beneficioso para la supervivencia de las tablillas de arcilla utilizadas como material de escritura por los habitantes de la ciudad a principios del segundo milenio a.C., ya que se cocieron y conservaron de este modo. En 1881, los primeros textos cuneiformes de Kültepe llamaron la atención de los eruditos, que los denominaron «tablillas capadocias», por el nombre clásico de la meseta de Anatolia Central, ya que era lo único que se sabía sobre su origen. Escritas en un dialecto primitivo del asirio y en una forma particular de escritura cuneiforme que utilizaba menos de 200 caracteres,

4. Imagen por satélite de Kültepe, que muestra la extensión de las excavaciones: los palacios y templos de Kaneš en el montículo circular alto y los barrios de mercaderes en la ciudad baja contigua al montículo en el noreste.

el contenido de las tablillas permitió relacionarlas con la ciudad de Aššur. La constatación de que mercaderes del norte de Irak habían establecido colonias a unos 1.000 kilómetros de su ciudad suscitó un gran interés por las tablillas y por el enigma de su origen.

Sin embargo, durante más de cuarenta años los lugareños que periódicamente desenterraban las tablillas en Kültepe (figura 4) y las vendían a anticuarios consiguieron mantener en secreto su procedencia, a pesar de que varias misiones arqueológicas investigaron el yacimiento, centrando siempre su atención en el alto montículo. Los lugareños habían descubierto las tablillas al excavar en busca de antiguos ladrillos de barro, utilizados tradicionalmente en todo Oriente Próximo como fertilizante y material de construcción, para consternación de los arqueólogos, ya que esta práctica es muy destructiva. Se desenterraron unas 2.500 tablillas, que fueron adquiridas por varios museos europeos y estadounidenses y por coleccionistas privados. En 1925 el misterio del origen de las tablillas de Capadocia se resolvió gracias a la indiscreción, en estado de embriaguez, de un cochero local al servicio de Bedřich Hrozný, orientalista checo famoso por su desciframiento del hitita, que identificó como una lengua indoeuropea. Hrozný había iniciado recientemente unas excavaciones en Kültepe y cuando su conductor reveló que las tablillas no procedían de la colina sino de la zona inferior, su equipo encontró rápidamente más de mil tablillas en lo que resultaron ser las ruinas de los barrios mercantiles asirios. Desde 1948, el montículo y la ciudad baja se han investigado en excavaciones anuales bajo los auspicios de Türk Tarih Kurumu, la Sociedad Histórica Turca fundada por Mustafa Kemal Atatürk en 1930 para promover la el estudio del pasado de Turquía. La exploración de Kültepe es una de las actividades emblemáticas de la organización y está profundamente marcada por el trabajo de toda una vida de la pareja de arqueólogos de Ankara Tahsin y Nimet Özgüç, que excavaron allí de 1948 a 2005. Los hallazgos del yacimiento se conservan en el Museo de Civilizaciones Anatolias de Ankara, y los más destacados se exponen en la magnífica galería dedicada a Kültepe.

Las tablillas asirias permiten identificar Kültepe con la ciudad de Kaneš. Con una superficie de más de 20 hectáreas y una altura de c.20 metros, su alto montículo circular es uno de los mayores de Anatolia central. El recinto amurallado de una ciudad baja ocupa un área en forma de media luna de más de 100 hectáreas que rodea el montículo alto por el norte, el este y el sur. El asentamiento es, por tanto, considerablemente mayor que la ciudad de Aššur. A juzgar por la limitada zona de poco menos de 9 hectáreas donde se han encontrado tablillas de arcilla asirias, los mercaderes de Aššur habitaban un barrio concreto de esta extensa ciudad baja que estaba poblada en su mayor parte por gente local. Los textos identifican el barrio asirio como «el puerto» (kārum) de Kaneš, empleando la palabra asiria habitual para designar un puesto comercial; en Oriente Próximo, éstos solían establecerse a orillas del agua, aunque no en el caso de Kaneš. En contraste con la ocupación del montículo durante tres milenios, la ciudad baja sólo se utilizó en la primera parte del segundo milenio a.C. durante un periodo de unos tres siglos. Fue reconstruida varias veces y las casas de los comerciantes asirios datan del nivel II de asentamiento de la ciudad baja y, tras un incendio masivo había engullido la ciudad baja, el nivel Ib. Las tablillas halladas en estos edificios constituyen los archivos de las empresas comerciales asirias asentadas en Kaneš. Se han encontrado textos asirios de este periodo en otros lugares de Anatolia central, pero se limitan a lo siguiente c.150 tablillas y fragmentos en total, un número minúsculo comparado con la asombrosa cifra de 23.500 tablillas de arcilla recuperadas hasta la fecha en Kaneš. La gran mayoría de estos textos datan de un periodo de unos cincuenta años en el siglo XIX a.C. Sólo se han publicado 4.500 tablillas, la mayoría de los primeros hallazgos, con ediciones preliminares de otros 5.000 textos de las excavaciones turcas a la espera de publicación. Aún queda mucho por hacer.

COMERCIO ASIRIO EN ANATOLIA

Los archivos de los comerciantes asirios de Kaneš permiten reconstruir con asombroso detalle sus actividades comerciales y privadas. Documentan la vida de los mercaderes de Kaneš y, sobre todo, la organización de sus empresas, pero también nos permiten conocer la Aššur contemporánea, de la que sólo se han hallado pruebas muy limitadas debido a que las capas arqueológicas correspondientes están cubiertas por enormes niveles ocupacionales posteriores. La mayor parte de lo que sabemos sobre las circunstancias políticas y sociales de Aššur procede del material de Kaneš. Afortunadamente para nosotros, los asirios residentes en el extranjero se mantenían informados de las noticias que llegaban de su país y mantenían una amplia correspondencia con sus familiares y socios en Aššur, a la que solían llamar simplemente «la ciudad» (*ālum*). La mayoría de los documentos conocidos de Kaneš son cartas. Constan de una tablilla interior con el texto, alrededor de la cual se envolvía una fina capa de arcilla a modo de sobre inscrito que identificaba al remitente y al destinatario y llevaba impreso el sello del remitente, pero que por lo demás protegía la confidencialidad de la carta. Este formato se utiliza generalmente para las cartas asirias y también en las pruebas de las correspondencias cuneiformes posteriores del segundo y primer milenio a.C.

Durante los aproximadamente dos siglos que los comerciantes asirios residieron allí, Kaneš fue la capital de un estado regional cuyo gobernante, designado como «príncipe» (*ruba'um*) por los asirios, residía en un palacio en el alto montículo fortificado. La ciudad baja estaba estructurada por plazas abiertas y calles pavimentadas, bajo las cuales los desagües conducían las aguas residuales. De seis a ocho casas de dos plantas, construidas espalda con espalda, formaban los bloques de construcción de los barrios residenciales de la parte baja de la ciudad. El barrio mejor explorado con diferencia es el habitado por los asirios, cuyas casas estaban construidas al estilo local. Los edificios privados tenían una parte residencial con salas de estar y cocina y otra más pequeña, cerrada con llave, donde se guardaban los objetos de valor, incluidos los documentos cuneiformes de los asirios, que se archivaban según su contenido y se almacenaban en estanterías o dentro de recipientes (vasijas, cofres de madera o bolsas). Los muertos solían ser enterrados con su ajuar funerario en ataúdes o tumbas de cista (parecidas a una caja de piedra) debajo de las casas, y esto también se atestigua en cuanto a los edificios ocupados por los asirios, aunque los textos indican que normalmente esperaban morir y ser enterrados en Aššur.

Los comerciantes asirios se especializaban en la importación de estaño, que obtenían en Aššur de suministros lejanos, y de tejidos de lujo producidos en esa ciudad y en otros lugares por manufactura nacional. Transportaban estas mercancías por tierra con caravanas de asnos, cada uno de los cuales transportaba unos 65 kilogramos (=130 minas) de estaño. Los lingotes, pequeños pero muy pesados, se envolvían en fardos de tela que se equilibraban cuidadosamente sobre el lomo y los costados de los burros para evitarles molestias y a sus dueños el gasto de reemplazar los animales estropeados. Carretas de cuatro ruedas tiradas por bueyes con capacidad de carga de entre 300 y 1.500 kilogramos se utilizaban siempre que se disponía de buenos caminos. Una vez en Kaneš, los mercaderes depositaban sus mercancías en los amplios almacenes del palacio situado en lo alto de la ciudadela, que, como muestran los textos, se utilizaban como depósito central. Las cámaras acorazadas de las casas particulares de los comerciantes habrían servido principalmente para guardar la plata y el oro, en los que los comerciantes asirios convertían sus ganancias para el transporte de vuelta a Aššur . Pero gran parte de su economía funcionaba sin dinero en efectivo, exclusivamente a base de crédito, anticipando estrategias clave empleadas en tiempos mucho más recientes por los bancos mercantiles.

El príncipe de Kaneš colaboraba estrechamente con los mercaderes, ya que se llevaba una parte de todos sus negocios a cambio de derechos de residencia y protección dentro de su territorio, tanto para las caravanas como para los asirios que vivían allí. No se les consideraba súbditos suyos, ya que el barrio mercantil se consideraba política y jurídicamente una parte extraterritorial de la ciudad-estado de Aššur. Incluso durante las hostilidades locales, las caravanas debían pasar ilesas, pues los asirios, que tenían poco poder militar (y desde luego ninguno en Anatolia), querían proteger su neutralidad. A su vez, según lo estipulado en el tratado, el príncipe tenía derecho a percibir unos impuestos de alrededor del 3% sobre el estaño importado (es decir, 4 minas por carga de asno) y del 5 por ciento sobre los tejidos, con la opción de comprar otro 10 por ciento de los tejidos a precio de mercado. El socio del príncipe en el tratado era «la ciudad de Aššur, los ciudadanos de Aššur y el "puerto"», que no era sólo la ubicación física del barrio comercial asirio de Kaneš, sino también el nombre del conjunto de comerciantes que operaban allí.

Los acuerdos entre el príncipe de Kaneš y el colectivo de comerciantes asirios pueden reconstruirse a partir de referencias en diversos textos, pero también se recogen con detalle en una tablilla de tratado original que se encontró en el año 2000 en una de las casas de la segunda fase ocupacional del barrio de comerciantes asirios (nivel Ib). El colectivo de comerciantes también celebraba tratados con los gobernantes de los reinos que atravesaban las caravanas en su camino hacia Canes, como Apum (región de la actual Qamishli, en el noreste de Siria) y Hahhum (región de la actual ciudad turca de Samsat), donde se encontraba otro «puerto» asirio, esta vez sí junto al agua, cerca de un importante vado que cruzaba el Éufrates. Registradas en otra tablilla de tratado original encontrada junto con la relativa a Canes, las estipulaciones que aseguran el libre paso y la protección incluyen intrigantemente una garantía de no sabotear el transbordador y hundir la mercancía, un indicio de que tales actos de piratería fluvial podrían haber llegado a producirse de otro modo. En lugar de un derecho absoluto a recaudar impuestos, a los dignatarios de Hahhum se les concedió el derecho a comprar ciertas cantidades de estaño y tela de las caravanas asirias a precios reducidos.

Su posición favorable en la red de rutas terrestres hacía de Kaneš una muy buena elección para que los asirios la utilizaran como base central de sus actividades comerciales, con una red de puntos de venta más pequeños administrados desde allí. Las caravanas tardaban entre cinco y seis semanas en recorrer los cerca de 1.200 kilómetros que separaban Aššur de Kaneš. Pero los comerciantes operaban en un ámbito geográfico mucho mayor y mantenían bases similares en las capitales de más de una docena de reinos de Anatolia. Los más importantes son «puertos» en las ciudades de Durhumit, quizá situada cerca de importantes yacimientos de cobre y del Mar Negro, en la llanura de Merzifon (250 kilómetros al norte de Kaneš), y Purušhaddum, que ahora se cree que corresponde a Üçhöyük, cerca de Bolvadin (385 kilómetros al oeste de Kaneš). Los costes de transporte y los impuestos, más que el tiempo y la distancia, determinaban dónde iba a ser rentable el negocio. Si el precio era correcto los mercaderes asirios estaban dispuestos a viajar muy lejos. La participación de Aššur en Anatolia cesó cuando la aparición de grandes estados territoriales privó al colectivo de comerciantes de la base jurídica y política que hacía lucrativo el comercio a larga distancia.

KALHU: UNA CAPITAL DIGNA DE UN IMPERIO

En el año 879 a.C., la ciudad de Aššur fue despojada de su papel tradicional como sede del poder político y de la administración estatal cuando el rey Ašurnasirpal II trasladó la corte a un nuevo emplazamiento. Su elección recayó en Kal-

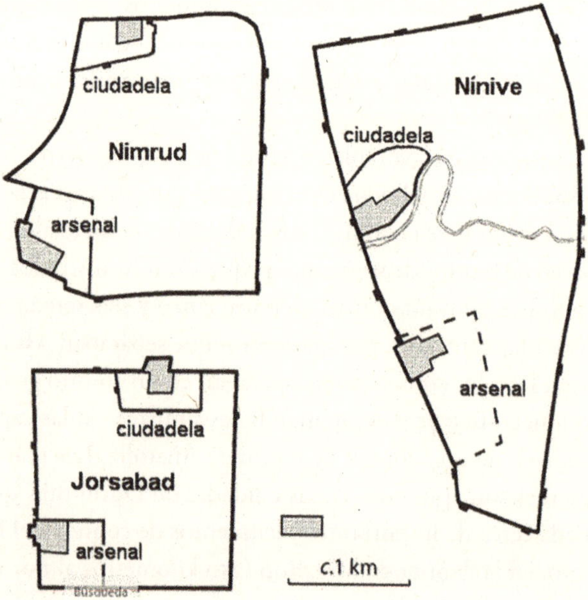

5. Las capitales asirias Kalhu (Nimrud), Dur-Šarrukin (Khorsabad) y Nínive.

hu (Figura 5), una antigua ciudad que fue transformado en un centro imperial sin parangón durante su reinado y el de su hijo y sucesor Salmanasar III.

Mientras que la extensión de Asiria en el siglo IX reflejaba sus fronteras en el siglo XII a.C., antes de las migraciones de finales de la Edad de Bronce, su papel en la región era ahora muy diferente. Era una potencia imperial, que ya no estaba rodeada por estados de tamaño y recursos humanos comparables, sino por principados mucho más pequeños. Una vez que Asiria recuperó los territorios que había perdido en el oeste y el norte, el Estado superó con creces a sus vecinos en extensión y mano de obra. El éxito de

la reconquista permitió al rey asirio asumir un nuevo papel hegemónico sobre sus vecinos. El éxito de la reconquista permitió al rey asirio asumir un nuevo papel de hegemonía sobre sus vecinos. Kalhu fue concebida y creada como capital del nuevo poder imperial, con una arquitectura diseñada para abrumar e impresionar.

Kalhu está situada en una posición central única en el núcleo de Asiria. Tiene una posición muy ventajosa dentro del triángulo formado por las tres ciudades más importantes de Asiria Central y bien comunicada con todas ellas: Aššur al sur, Nínive al norte y Arbela al este. La ciudad se encuentra en la orilla oriental del Tigris, controlando un vado justo al norte de su confluencia con el Alto Zab. Tiene, por tanto, acceso directo a las dos principales vías fluviales de la región y, además, un paso sobre el Tigris que la comunica con el oeste. En ese río, Kalhu se encuentra entre Nínive y Aššur y, gracias a un canal que une la ciudad con el Alto Zab, también existe una conexión fluvial directa con Arbela. La distancia de Kalhu a Aššur es de unos 70 km, de Arbela de unos 60 km y de Nínive de unos 35 km en línea recta. Por lo tanto, el viaje de ida y vuelta a cualquiera de estas ciudades dura un día, dos como máximo, dependiendo de la dirección y el medio de transporte, pero en cualquier caso es aproximadamente la mitad del tiempo que se tarda en recorrer la distancia entre cualquiera de las tres ciudades. Además, Kalhu ocupaba una posición importante en la red de tráfico de larga distancia, tanto terrestre como fluvial. Era una parada en la ruta norte-sur a lo largo del Tigris y controlaba una ruta clave que conducía en dirección este a través de Arbela hacia los montes Zagros y, a lo largo de sus márgenes occidentales, hacia el sur en Babilonia.

EXCAVACIÓN KALHU

En la actualidad, las ruinas de Kalhu se conocen como Nimrud, según una tradición local que relaciona el lugar con la figura bíblica de Nimrod, nieto de Noé, primer ser humano que se proclamó rey y al que se atribuye la fundación de Asiria. Nimrud es uno de los yacimientos arqueológicos más importantes de Irak.

Su investigación comenzó en noviembre de 1845 con el explorador británico Austen Henry Layard, cuyos libros posteriores sobre sus viajes y descubrimientos fueron extremadamente populares en el momento de su publicación y siguen figurando entre los relatos de viaje más legibles que documentan Oriente Próximo. Inspirado y guiado por el trabajo del pionero francés Paul Émile Botta en lo que resultó ser Dur-Šarrukin, la capital de Sargón II, las primeras excavaciones de Layard en el montículo de la ciudadela de Nimrud dieron como resultado relieves de piedra con inscripciones de lo que más tarde se identificó como el palacio del rey Ašurnasirpal II. Empleando un enfoque prestado de la minería, Layard pudo explorar gran parte de ese edificio mediante un sistema de túneles, a pesar de la modestísima financiación disponible para sus actividades. Esta forma de trabajar tenía poco en común con los cuidadosos métodos de excavación arqueológica que Andrae utilizó por primera vez en Aššur unos sesenta años más tarde, pero dio resultados rápidos y espectaculares, especialmente en forma de relieves murales intrincadamente tallados y otras esculturas de piedra. Al principio, Layard pensó erróneamente que había encontrado Nínive en Nimrud, pero más tarde excavó en la ciudad real de Nínive, excavando en el montículo de Kuyunjik. Continuó sus excavaciones hasta 1851, principalmente con el objetivo de encontrar el mayor número posible de antigüedades que pudieran ser transportadas de vuelta a Gran Bretaña.

Durante unas décadas, Asiria cautivó la imaginación del público del siglo XIX. Una serie de artículos periodísticos mantenían al público al corriente de los descubrimientos de Layard, su socio Hormuzd Rassam y otros pioneros que trabajaban en yacimientos asirios. La primera exposición pública de objetos asirios se celebró en 1847 en el Louvre de París, seguida en 1852 por la exhibición de los hallazgos de Layard en el Museo Británico, ambas con gran afluencia de público. Posteriormente, las esculturas de piedra de Nimrud se expusieron de forma permanente en la Galería Asiria del Museo Británico y en otros lugares del mundo, a medida que los materiales sobrantes se traspasaban a otros museos europeos y americanos y a otros centros de investigación.

COLECCIONES

Cuando los primeros objetos asirios llegaron a Europa, la fiebre del interés público condujo a la fabricación en serie de diversos productos de lujo de inspiración asiria, como joyas, cuberterías de plata y adornos para chimeneas.

La curiosidad general por todo lo asirio y la rápida publicación de las inscripciones asirias halladas en Nimrud y otros lugares hicieron que el intento de descifrar la escritura cuneiforme se convirtiera en un reto favorito para los lingüistas, a lo que contribuyó en gran medida la comprensión de que el asirio era una lengua semítica, como el hebreo y el árabe. Hacia 1857, un concurso organizado por la Real Sociedad Asiática de Londres sirvió para demostrar públicamente el desciframiento del asirio. Desde aquellos días de euforia asiria, las excavaciones en Nimrud han continuado, de forma intermitente, principalmente a cargo de arqueólogos británicos e iraquíes, y aunque solían concentrarse en el montículo de la ciudadela, también se ha trabajado en Tell Azar, el segundo montículo de la ciudadela, y en la ciudad baja.

Podría decirse que la excavadora más famosa de Nimrud desde Layard no fue una arqueóloga profesional, sino la escritora de novelas policíacas Agatha Christie, cuyo marido Max Mallowan dirigió las excavaciones británicas entre 1949 y 1957. Christie fotografió y registró los hallazgos y utilizó su costosa loción para la piel para limpiar y fortalecer las frágiles tallas de marfil que antaño decoraban elaborados muebles de palacio y objetos de lujo. Al escribir misterios de asesinatos como «Vinieron a Bagda» *in situ*, continuó la tradición de Layard de escribir best-sellers inspirados en el trabajo en Nimrud. Las excavaciones del siglo XIX sólo dieron como resultado el descubrimiento de una única tablilla de arcilla cuneiforme, presumiblemente porque no se reconocieron las tablillas de arcilla sin cocer. Durante la estancia de Mallowan en Nimrud y posteriormente, Kalhu produjo una serie de importantes hallazgos textuales. Destacan las llamadas Cartas de Nimrud, unas 300 cartas de la correspondencia estatal asiria de los reyes Tiglat-pileser III y Sargón II, desenterradas en 1952, y múltiples copias del pacto impuesto en 672 a.C. por el rey Esarhaddon a sus súbditos, halladas en 1955.

Los descubrimientos más espectaculares de Nimrud son el resultado de las medidas rutinarias de conservación emprendidas por el Servicio de Antigüedades iraquí, que en 1988 y 1989 condujeron a la inesperada detección de tres tumbas reales intactas bajo el palacio de Ašurnasirpal. En ellas se hallaron los enterramientos de varias reinas asirias de los siglos IX y VIII a.C., cuyos suntuosos ajuares funerarios incluyen más de cincuenta kilogramos de joyas de oro de intrincada elaboración y lujosos recipientes de oro y cristal de roca, muchos de ellos con inscripciones. En el momento de la excavación, los cuerpos y las vestimentas estaban en relativo buen estado, pero aunque los análisis antropológicos y de fibras comenzaron rápidamente, el comienzo de la Guerra del Golfo en 1990 y las posteriores sanciones comerciales han impedido que los enterramientos se estudien con el detalle científico que merece este extraordinario descubrimiento. Hasta ahora, los valiosos hallazgos sólo se han expuesto al público durante breves periodos de tiempo. La mayor parte del tiempo han estado encerrados en la cámara acorazada de un banco, pero de este modo han sobrevivido relativamente indemnes a la tumultuosa historia reciente de Irak. Cuando llegue el momento de que el Museo de Iraq en Bagdad exponga estos objetos de forma permanente, es de esperar que atraigan la atención del público que tanto merecen.

Hasta ahora, la mayor parte de la exploración arqueológica de Nimrud se ha centrado en el primer milenio a.C. Sólo ocasionalmente han salido a la luz materiales anteriores. Aunque se cree que la fundación del asentamiento se remonta al sexto milenio a.C., las excavaciones a pequeña escala en el montículo de la ciudadela han conseguido

Los hallazgos de cerámica y sílex se remontan a principios del tercer milenio antes de Cristo. Pero es a principios del segundo milenio a.C., en tiempos de Samsi-Addu, cuando la ciudad emerge claramente como un lugar de importancia transregional. Conocida entonces como Kawalhum, aparece en los textos de los archivos palaciegos de Mari, en Siria, donde Samsi-Addu había nombrado regente a su hijo menor, como un importante puerto en el Tigris, y una tumba de piedra ricamente equipada con un hacha de batalla de bronce, hallada en 1854 en el montículo de la ciudadela, data de ese mismo periodo. Una vez establecido el reino de Asiria en el siglo XIV a.C., la ciudad fue la capital de una provincia, estatus que mantuvo hasta finales del siglo VII a.C., cuando el estado dejó de existir.

LA CIUDAD DEL REY Y EL PUEBLO DEL REY

La posición de Kalhu dentro de Asiria fue más prominente durante el periodo comprendido entre 879 y 706 a.C., cuando era el centro político del imperio. La ciudad fue elevada a su nuevo papel no sólo a expensas de Aššur, a la que sustituyó como residencia principal del rey, pero también a expensas de Nínive y Arbela. Debido a la ubicación periférica de Aššur dentro del Estado asirio, estas ciudades eran centros económicos y políticos por derecho propio, de casi la misma importancia que Aššur y, al menos en el caso de Nínive, con su propio palacio real. Al igual que el culto a Aššur requería regularmente la atención y presencia del rey, la especial importancia de los cultos a Ištar de Nínive e Ištar de Arbela para el Estado exigía que el rey pasara mucho tiempo en estas ciudades para ocupar su lugar en sus festivales. Al elevar Kalhu a nuevo centro imperial, la influencia de las tres ciudades, y de sus habitantes, dentro del estado se debilitó sustancialmente.

Se puede argumentar fácilmente que la creación del nuevo centro formaba parte de una estrategia más amplia destinada a reforzar la posición del rey a expensas de las antiguas élites urbanas. Si bien éstas habían desempeñado anteriormente un papel importante en la vida política del Estado asirio, los más altos cargos administrativos y militares se reservaron a partir de entonces a un nuevo cuadro de funcionarios, los eunucos (*ša rēši*, literalmente «el de la cabeza», es decir, «asistente personal» del rey, en contraste con los funcionarios no castrados llamados *ša ziqni*, «el de la barba»). Hoy en día no está claro qué cualidades o cualificaciones se buscaban en un muchacho ni quién tomaba la decisión fundamental de convertirlo en eunuco. Tampoco se sabe nada sobre el origen familiar de los eunucos, pero no hay motivos para pensar que los eunucos tuvieran una familia, pero no hay razón para pensar que el hecho de ser eunuco se consideraba un destino terrible y no se puede suponer necesariamente que los futuros eunucos fueran obligados a esta vida. Es muy posible que los eunucos fueran, de hecho, miembros de las mismas familias antiguas que antes ocupaban cargos políticos, tal vez hijos menores que no podían esperar heredar mucho. Ser eunuco real garantizaba un alto estatus social y un lugar en la casa del rey de por vida. Pero al sacrificar su capacidad de engendrar hijos, los eunucos renunciaban definitivamente a la vida familiar. No se casaban y estaban sin ninguna distracción a disposición del Estado y del rey: los empleados perfectos. A cambio, la familia real se hacía cargo de las obligaciones que normalmente se esperaban de la familia de uno, incluido el funeral y las ofrendas posteriores necesarias para garantizar el bienestar en la otra vida. Sin embargo, a pesar de estar tan cerca del poder real, un eunuco nunca podría aspirar a convertirse en rey. La realeza asiria exigía que un hombre fuera perfecto en todos los aspectos, por lo que un eunuco, con su cuerpo mutilado, quedaba categóricamente excluido.

Los residentes del nuevo centro imperial fueron elegidos por uno de los eunucos reales, el supervisor de palacio Nergal-apil-kumu'a, a quien Ašurnasirpal nombró por edicto para supervisar el traslado a Kalhu. El desarrollo de la ciudad cambió los patrones de asentamiento no sólo en el núcleo de Asiria, sino en todo el imperio, ya que se eligieron colonos adecuados de todas las provincias. Podemos suponer con seguridad que sólo se eligió a aquellos que habían mostrado entusiasmo por el rey y sus planes para el estado asirio, creando así en 879 a.C. no sólo un nuevo centro político, sino uno poblado por leales partidarios del rey y del imperio. Al crear nuevos patrones

de autoridad y lealtad, tanto social como geográficamente, Ašurnasirpal consiguió cambiar las estructuras de poder que hasta entonces habían definido Asiria Central. El traslado a Kalhu reforzó y aseguró la preeminencia del rey y de la administración del Estado y proporcionó al emergente Imperio neoasirio un centro sin rival y una base de poder garantizada de fieles seguidores.

Arquitectónicamente, la antigua ciudad de Kalhu se transformó por completo. Para suministrar el agua necesaria para el mantenimiento de la nueva megaciudad, se construyó un sistema regional de canales. No se reparó en gastos, ya que el gigantesco proyecto de construcción estaba calculado para mostrar al mundo la riqueza de Asiria. El antiguo montículo de asentamiento, que había crecido hasta alcanzar una altura considerable en el transcurso de su larga ocupación, se convirtió en una ciudadela fortificada que albergaba el palacio real y los templos. Pero a pesar de su tamaño, sólo ocupaba una pequeña parte en la esquina suroeste de la ciudad, que era mucho más grande. Con una superficie de unas 360 hectáreas, el Kalhu de Aššurnasirpal cubría un área múltiplo de la superficie de Aššur y estaba rodeado por una fortificación de 7,5 kilómetros de largo. Un segundo montículo fortificado en la esquina sureste de la ciudad albergaba el arsenal, donde se almacenaba el equipo militar y se reunía el ejército. Este plan básico se utilizó también en las capitales asirias posteriores. Los templos establecidos en Kalhu estaban dedicados a las divinidades más importantes de Asiria, como Ištar (pero bajo la apariencia de la Dama de Kadmuri, distinta de sus manifestaciones en Nínive y Arbela), Ninurta y Nabu, pero no había ningún santuario para Aššur, cuyo único santuario permanecía en la ciudad de Aššur. El propósito de Kalhu era celebrar al rey, no a Aššur, como núcleo del imperio.

En tiempos de Aššurnasirpal, el edificio más impresionante de Kalhu era sin duda su nuevo palacio real, llamado hoy Palacio Noroeste debido a su posición en la ciudadela. Con una longitud de 200 metros y una anchura de 130 metros, este gigantesco edificio dominaba su entorno y, en una inversión de la topografía de Aššur, empequeñecía los templos vecinos. Colosales toros alados con cabeza humana, quizá la expresión más emblemática de la arquitectura imperial asiria (figura 6), custodiaban las puertas monumentales y supusieron un formidable reto logístico para Layard cuando envió algunos de ellos a Londres. Los troncos de cedro importados del Líbano, con una longitud de hasta 30 metros eran las vigas de techo más largas disponibles en cualquier lugar, permitieron la construcción de salas de dimensiones sin precedentes. El palacio se organizó en torno a tres patios con apartamentos de Estado, un ala administrativa y los aposentos privados de la familia real, donde se descubrieron las tumbas subterráneas de las reinas. Esta planta se convirtió en el modelo para edificios representativos de todo el Imperio Asirio, como la mansión de Šulmu-šarri en Dur-Katlimmu (véase el capítulo 3). Enormes losas de alabastro con figuras grabadas e inscripciones celebraban los logros del rey y revestían las paredes de los apartamentos de estado del palacio (véase la figura 12). En particular, la sala del trono, donde Ašurnasirpal recibía a dignatarios de todo el imperio y de fuera de él, estaba decorada con escenas de conquistas heroicas y sus resultados, el botín, los tributos y los regalos de los adversarios sometidos. Según la inscripción de una estela que se erigió en el interior del palacio, 69.574 personas participaron en las celebraciones inaugurales de la nueva ciudad, a los habitantes de Kalhu se unieron gentes de todo el imperio y

6. Toro colosal alado con cabeza humana del Palacio Noroeste del rey Ašurnasirpal II en Kalhu, excavado por A. H. Layard.

5.000 dignatarios extranjeros de los estados adyacentes. Ašurnasirpal agasajó a sus invitados durante diez días en un festín cuyo menú se conserva en la estela: se sacrificaron 17.000 ovejas y vacas y el doble de patos, gansos y palomas, lo que significa que cada participante podía esperar comer media ave y una porción muy considerable de cordero y ternera. Estos platos principales se complementaban con carne de venado, pescado y (menos de nuestro gusto) roedores, enormes cantidades de verduras, frutas y especias, y una amplia gama de productos lácteos, mientras que 10.000 cubas de cerveza y 10.000 odres de vino proporcionaban alivio a los sedientos.

Kalhu fue la residencia principal de todos los reyes asirios hasta Sargón II, que trasladó la corte a su nueva capital imperial de Dur-Šarrukin, "La Fortaleza de Sargón", en 706 a.C. Varios de los sucesores de Ašurnasirpal establecieron sus propios palacios, además del Palacio del Noroeste, que siguió utilizándose como residencia del gobernador provincial. Los arqueólogos iraquíes no excavaron el palacio de Adad-nerari III hasta 1993. El palacio de Tiglat-pileser III se conoce hoy prosaicamente como el Palacio Central, pero esto no hace justicia a su antiguo nombre: «Palacios de la alegría que dan abundancia y bendicen al rey que hizo su estructura imperecedera», el nombre ceremonial dado a la puerta del palacio deja claro cómo Kalhu era visto no sólo como el centro de Asiria, sino del mundo entero:

> Puertas de justicia que juzgan con equidad a los gobernantes de los cuatro puntos cardinales, que ofrecen el tributo de las montañas y del mar, que admiten los productos de la humanidad ante el rey, su señor.

Las partes de piedra de estos dos palacios fueron saqueadas en el siglo VII para obtener materiales de construcción para un nuevo palacio de Esarhaddon, que pasó mucho tiempo en Kalhu. Su construcción quedó inacabada, pero sus insólitas salas con columnas ponen de manifiesto la influencia cultural egipcia tras la conquista en 671 a.C.

DUR-KATLIMMU: LA VIDA EN LAS PROVINCIAS OCCIDENTALES

Para los asirios, Tell Sheikh Hamad, situada en la orilla oriental del río Jabur, en el noreste de Siria, era la ciudad de Dur-Katlimmu, un centro provincial de importancia en el reino de Asiria desde el siglo XIII a. C. Cuando el rico dignatario Šulmu-šarri (véase el capítulo 3) residió allí en el siglo VII, la ciudad también era conocida con el nombre arameo de Magdala («Torre»). Esto refleja el hecho de que el arameo, más que el asirio, era la lengua más hablada en el Imperio asirio del primer milenio a.C. Esta lengua semítica occidental está estrechamente relacionada con el arameo. Esta lengua semítica occidental está estrechamente relacionada con el hebreo y el fenicio, y cualquier hablante de asirio, también una lengua semítica, habría sido capaz de entender bastante bien el arameo, sin dominar necesariamente su gramática y viceversa. Fuera del núcleo de Asiria, el arameo era probablemente la lengua escrita más utilizada. Sin embargo, a diferencia de los textos en lengua asiria, que se grababan en escritura cuneiforme sobre tablillas de arcilla, el arameo se escribía en escritura alfabética sobre materiales similares al papel, como el cuero o el papiro: éstos sólo sobreviven en contextos muy secos, como las cuevas del desierto de Judea donde se ha encontrado la gran mayoría de los primeros documentos arameos (pero de fechas muy posteriores), y se desintegran en caso contrario.

Desde al menos el siglo IX a.C., el Estado asirio empleaba tanto el asirio como el arameo para fines gubernamentales, como consecuencia directa de la integración de los estados occidentales, donde esta lengua era ampliamente hablada. El uso del arameo está documentado en el corazón de Asiria desde el reinado de Salmanasar III en adelante: los caracteres del alfabeto arameo están pintados en los ladrillos vidriados utilizados para sus edificios en la capital, Kalhu, probablemente como marcas de instaladores. Además, los relieves palaciegos y las decoraciones de las puertas suelen representar parejas de escribas, uno escribiendo con pluma sobre un pergamino y el otro imprimiendo signos con un estilete en la superficie de una tablilla de arcilla o de madera recubierta de cera. Estos dispositivos tampoco solían sobrevivir a los estragos del tiempo. En Aššur y Kalhu se han recuperado algunas versiones de lujo hechas de marfil, pero sin la capa de cera y, por tanto, sin el texto. Tales tablillas de cera se corresponden estrechamente con las famosas tablillas de Vindolanda del Muro de Adriano, los documentos manuscritos más antiguos que se conservan en Gran Bretaña, de los siglos I y II d.C.; los escribas cuneiformes las utilizaban habitualmente desde el tercer milenio a.C.

Los indicios más importantes del uso generalizado del arameo como lengua escrita en el Imperio asirio son, en primer lugar, las anotaciones alfabéticas incisas o escritas con tinta en tablillas de arcilla que registran la transferencia de propiedades. Estas breves anotaciones resumen el contenido del contrato cuneiforme, al parecer en beneficio de quienes sabían leer arameo pero estaban menos familiarizados con el cuneiforme asirio (figura 7). En segundo lugar, existe un tipo particular de tablilla de arcilla que sólo llevaba inscrito texto arameo. Estas notas de deuda tienen una forma triangular muy específica y se formaban alrededor de un cordel anudado. No está claro qué se fijaba al otro extremo de esa cuerda, pero lo más probable es que fuera una versión de la misma nota de deuda en un pergamino en lengua aramea. La razón de esta suposición es que el formato alternativo de las notas de deuda, más frecuentemente atestiguado, consiste en una tablilla interior encerrada en un sobre de arcilla sellado, ambos inscritos con idéntico texto. Los triángulos de arcilla en arameo también están sellados y, por tanto, pueden cumplir la función del sobre frente al hipotético pergamino. Sean lo que sean, en Dur-Katlimmu se han encontrado muchas tablillas de este tipo, así como contratos con anotaciones en arameo, y también se conocen de otros yacimientos de las provincias asirias occidentales. En en el centro del país, son considerablemente menos frecuentes, lo que presumiblemente refleja un conocimiento mucho más amplio del cuneiforme. Aunque los escribas que redactaban documentos jurídicos privados en Dur-Katlimmu producían tablillas de formas muy bellas y elegantemente escritas, no eran ciertamente hablantes nativos de asirio: sus frecuentes y errores

7. Contrato de venta de propiedad de Dur-Katlimmu en cuneiforme asirio, con dos líneas de resumen en arameo alfabético incisas encima y debajo de las dos impresiones de sello.

gramaticales muy característicos indican que estaban acostumbrados a expresarse en una lengua semítica occidental, muy probablemente el arameo.

INTEGRACIÓN DE OCCIDENTE EN EL REINO DE ASIRIA

Un equipo alemán dirigido por Hartmut Kühne lleva explorando el yacimiento de Tell Sheikh Hamad en campañas de excavación anuales desde 1978, después de que en 1977 el equipo arqueológico que cartografiaba los numerosos yacimientos del valle de Jabur se enterara de que la población local había encontrado un grupo de tablillas de arcilla. Resultó que al construir un depósito de agua en el túmulo del asentamiento habían dejado al descubierto, sin saberlo, dependencias de un complejo de edificios desde el que se gestionaba la ciudad y su región en la última parte del segundo milenio a.C. En total, se han recuperado unas 400 tablillas de un archivo administrativo del siglo XIII y principios del XII a.C. que se ocupa de la gestión de las fincas agrícolas que sustentaban la administración del gobierno provincial. Las tablillas se cocieron en el incendio que destruyó el edificio. Algunos textos quedaron ilegibles, ya que venían demasiado cerca de las llamas, y otras se perdieron en el río cuando los niños de la zona utilizaron los primeros hallazgos, en una ingeniosa reconversión de las tablillas planas de arcilla que caben cómodamente en la mano, como piedras para saltar. Los textos conservados contienen referencias a tableros de escritura de madera que, por supuesto, no se han conservado.

La mayor parte de los textos conservados son documentos administrativos que permiten comprender mejor la situación económica de Dur-Katlimmu, situada en la «zona de riesgo» entre las zonas climáticas del Mediterráneo y la estepa. Un sistema local de canales de riego apoyaba la agricultura de secano y fomentaba la producción de buenas cosechas de cebada, trigo y sésamo, complementadas con hortalizas y hierbas. El trabajo lo realizaban los «granjeros del palacio», gestionados por el gobierno provincial. Mantenían dos manadas de burros, con un total de 150 cabezas, como animales de carga. El ganado, utilizado en parejas para arrastrar los arados sembradores y para suministrar leche y carne, pastaban en los prados junto al río mientras los pastores llevaban los rebaños de ovejas y cabras a la estepa: su lana y pelo (para fieltro) eran la columna vertebral de la industria textil local.

La documentación de Dur-Katlimmu y las actividades agrícolas registradas en ella se corresponden estrechamente con lo que se conoce de la capital Aššur y otros yacimientos de las provincias, como la cercana ciudad de Harbe (Tell Chuera en Siria) y los asentamientos fortificados más pequeños llamados dunnu en la actual Giricano (Dunnu-ša-Uzibi; cerca de la ciudad turca de Diyarbakir) o Sabi Abyad (en el valle sirio de Balikh). Esto ilustra un aspecto de cómo el reino de Asiria, en expansión, llevó su modo de vida a los territorios recién integrados. El gobernador y su personal eran enviados desde el centro a las provincias, donde introducían rutinas administrativas utilizando la lengua y la escritura asirias, así como formularios estándar típicos para todo tipo de documentos con el fin de organizar la base económica del gobierno provincial. Los centros provinciales debían entregar a la capital una cantidad determinada de impuestos, incluidas las contribuciones ideológicamente importantes de ingredientes para el festín diario preparado para el dios Aššur.

Dentro del reino de Asiria a finales del segundo milenio a.C., Dur-Katlimmu ocupaba una posición especial, ya que no era simplemente el centro de una provincia, sino la ciudad preeminente de la mitad occidental del reino. Aquí residía el segundo dignatario del reino, el Canciller Principal (sukallu rabiu) de Asiria, cuyo título de cortesía era «Rey de Hanigalbat», según la designación asiria de su antiguo señor Mittani. El primero en ostentar este título fue Ibašši-ili, hijo menor del rey Adad-nerari I y hermano de su sucesor Salmanasar I. Ambos reyes hicieron la guerra contra Mitanni y pusieron sus territorios bajo control asirio. En aquel momento, en lugar de apropiarse de uno de los antiguos centros mitanníes, Dur-Katlimmu se estableció como centro de gobierno. Este antiguo asentamiento estaba unido a la ciudad de Aššur a través de una ruta directa (que más tarde formó parte de la red del «Camino del Rey»; véase el capítulo 6) que era la conexión más corta desde la capital a las nuevas posesiones en el valle de Jabur. Esto incentivó la elevación de la ciudad bajo Shalmaneser I, que fundó allí un templo para el dios Salmanu, una deidad asociada a la familia real asiria y celebrado con el nombre de este rey, que en asirio se traduce Salmanu-ašared 'El dios Salmanu es eminente'. El nombre de Salmanu significa "el bondadoso" y tal vez no fuera más que un aspecto divinizado del dios Aššur, cuya íntima conexión con la ciudad de Aššur hizo que la construcción de otros templos en su propio nombre resultara incómoda. Una estela de principios del siglo VIII a.C., cuya primera pieza fue recuperada en Tell Sheikh Hamad en 1879 por Hormuzd Rassam, colaborador de Austen Henry Layard, relata cómo el rey Adad-nerari III y el gobernador local Nergal-ereš renovaron el templo con troncos de cedro adquiridos en el Líbano durante una campaña militar al Mediterráneo:

> El antiguo templo, que Shalmaneser (I), mi antepasado (literalmente 'mi padre'), había construido, se había deteriorado y yo, en un golpe de inspiración, construí este templo desde sus cimientos hasta sus parapetos. Encima coloqué las vigas del tejado de cedro del monte Líbano.

El hermano de Salmanasar, Ibašši-ili, transmitió su nuevo y poderoso cargo de rey de Hanigalbat a sus descendientes. Cuando la línea principal de la casa real asiria se extinguió en 1183 a.C., después de que el anciano rey Tukulti-Ninurta I, que había ocupado el trono durante treinta y siete años, fuera asesinado por sus hijos, que luego se vieron envueltos en violentos conflictos sucesorios, su tataranieto Ninurta-apil-Ekur se convirtió en rey de Asiria. Tan poderoso era el padre del nuevo rey, Ili-pada, que un rey babilonio se dirigió insultantemente a él y al actual rey Aššur-nerari III, uno de los efímeros hijos de Tukulti-Ninurta, como «los reyes de Asiria"» en una carta que ridiculiza la impotencia asiria tras el regicidio:

> El dios Aššur os ha vuelto locos, Aššur-nerari e Ili-pada, debido a (vuestra) irresponsabilidad, embriaguez constante e incapacidad para tomar decisiones. No hay nadie entre ustedes que tenga sentido común.

Fue una intervención babilónica la que llevó al hijo de Ili-pada al trono tras su muerte, y todos los reyes posteriores, hasta el final del imperio, fueron sus descendientes. Cuando el gobernante del siglo VIII Adad-nerari III reivindicó a Salmanasar I como «su padre» en la estela de Dur-Katlimmu, una designación que los reyes asirios utilizaban generalmente para sus predecesores, se equivocó de hecho, ya que descendía del hermano de Salmanasar, Ibašši-ili.

En el periodo de la reconquista de las regiones occidentales perdidas en el siglo X a.C., Dur-Katlimmu desempeñó un papel estratégico crucial como enclave asirio. En el siglo IX a.C., se añadió a Dur-Katlimmu una considerable ciudad baja fortificada, lo que la transformó de una población relativamente pequeña en una gran ciudad de 60 hectáreas con una muralla de casi 4 kilómetros, atravesada por un canal de 9 metros de ancho -muy pequeña si se compara con la actual Kalhu, con sus 360 hectáreas, pero con diferencia el mayor asentamiento del Khabur. Gran parte de los trabajos arqueológicos realizados desde 1978 se han centrado en esta ciudad baja, desenterrando enormes mansiones inspiradas en la arquitectura del palacio imperial. La más conocida de ellas, la llamada Casa Roja (véase la figura 9), data del siglo VII a.C. y fue la residencia del militar y rico terrateniente Šulmu-šarri. Las actividades de los herederos de Šulmu-šarri están documentadas incluso durante y después de la desintegración del Imperio asirio e iluminan la situación política de Dur-Katlimmu en aquella época. Al principio, justo después del 612 a.C., la población era leal a la corona asiria, pero el poder local descansaba ahora en manos de un «señor de la ciudad» en lugar de los miembros de la anterior administración de la ciudad. Una década más tarde, la ciudad aceptó la soberanía babilónica: cuatro documentos jurídicos privados que, por lo demás, se ajustan totalmente a las tradiciones asirias, están fechados según los años de gobierno de Nabucodonosor II. Como indica la mención de su sacerdote en dos de estos textos, el templo del dios Salmanu seguía activo en aquella época.

Capítulo 3

ASIRIOS EN CASA

Los siguientes esbozos ilustran la gran variedad de condiciones de vida y experiencias humanas en el Imperio asirio. Tienen dos cosas en común: todos datan del siglo VII a.C., el periodo en el que las fuentes son más numerosas y diversas, y todos se sitúan en un contexto urbano. Esto no es casual, ya que todas las fuentes disponibles proceden de ciudades y suelen ocuparse de asuntos de la vida urbana. Nos encontramos con un rey, dos eruditos de una importante familia culta, un rico terrateniente y un comerciante de vino, así como con sus familias y hogares.

AMO DEL UNIVERSO: REY ESARHADDON

De todos los reyes de Asiria, Esarhaddon (Figura 8) es el que emerge más claramente como individuo de las fuentes disponibles. La mayoría de los gobernantes asirios se conocen principalmente por sus inscripciones reales. Estos textos, escritos en nombre de los reyes para conmemorar sus hazañas, se inscribían en monumentos (estatuas, estelas, relieves rupestres) o se inscribían en el tejido de templos, palacios y murallas, de forma visible en muros y puertas o enterrados ritualmente en los depósitos de los cimientos. Su denominación asiria significa «nombres escritos» y su finalidad era perpetuar la existencia de sus protagonistas más allá de su existencia física. Sus auto-

8. Estela de Esarhaddón, rey de Asiria, en la que aparece en el anverso con los gobernantes subyugados de Tiro y Kush y en los laterales sus hijos Aššurbanipal y Šamaš-šumu-ukin como príncipes herederos de Asiria y Babilonia, respectivamente.

res, eruditos reales encabezados por el escriba jefe, se concentraban sin pudor en el rey y sus hazañas, centrándose en lo que se esperaba de un gobernante y agradaba a los dioses: la construcción y el mantenimiento de templos, palacios y ciudades, y la protección y expansión del reino. Escritas en vida de sus protagonistas y con su autorización, tales composiciones presentan una lectura comprensiva de la vida y la época de su héroe, excluyendo lo que no servía para celebrar e impresionar. Para la mayor parte de la historia asiria, las inscripciones reales son nuestra fuente más destacada, aunque sesgada.

Pero este no es el caso en los siglos VIII y VII a.C., cuando la correspondencia contemporánea. Se conservan documentos administrativos de los palacios de Kalhu y Nínive, y de otros lugares; la década de 670, cuando Esarhaddon gobernó el imperio, está especialmente bien documentada.

Esarhaddón era hijo menor de Senaquerib, como indica su nombre, que significa «El dios Aššur ha dado un hermano (a los hermanos existentes)». Se convirtió en rey de Asiria en 681, a pesar de que no había sido el príncipe heredero original, el heredero aparente al trono, elegido por el rey, confirmado por los dioses y nombrado en público. Al nombrar príncipe heredero a Esarhaddón en 683, Senaquerib tuvo que destituir primero a su anterior elección, heredero aparente del imperio durante más de una docena de años. Este hijo, Urdu-Mullissi, permaneció en la corte, por lo que es poco probable que hubiera caído completamente en desgracia, pero se desconocen los motivos de Senaquerib. No se dio cuenta de que su decisión ponía en peligro su vida, pues Urdu-Mullissi reunió entonces a sus partidarios para dar un golpe de Estado. El complot estuvo a punto de descubrirse cuando un funcionario, al que los conspiradores habían abordado en vano, solicitó una audiencia con el rey, pero la conspiración estaba tan extendida que los compinches de Urdu-Mullissi lograron interceptarlo. Según una carta enviada posteriormente a Esarhaddon,

> Le preguntaron: «¿De qué se trata tu apelación al rey?» Él respondió: «Se trata de Urdu-Mullissi». Le cubrieron la cara con su manto (como era costumbre cuando se reunía con el rey) y le hicieron presentarse ante el propio Urdu-Mullissi, diciéndole: «¡Mira! Tu apelación está siendo concedida, ¡dilo con tu propia boca!» Él respondió: «Tu hijo Urdu-Mullissi te matará».

Los conspiradores no tardaron en deshacerse de él y su complot llegó a buen puerto: en 681, Urdu-Mullissi y un hermano apuñalaron a su padre hasta la muerte. Pero tras el regicidio se produjeron fricciones entre los conspiradores y la coronación de Urdu-Mullissi se retrasó. Nínive estaba sumida en el caos cuando Esarhaddon, ausente en el momento del asesinato, marchó sobre la capital. Consiguió expulsar a los asesinos y ascendió al trono dos meses después de la muerte de su padre. Estos acontecimientos causaron conmoción en todo el mundo antiguo, como demuestran los relatos bíblicos que también informan de la huida de los príncipes asesinos a Urartu (2 Reyes 19:37; Isaías 37:38).

Durante más de un siglo, el imperio había estado enzarzado en un conflicto con su rival del norte y ahora, al dar cobijo a pretendientes con buenas pretensiones al trono, Urartu ganó una influencia sustancial sobre la política asiria. Esarhaddon no pudo tocar a los líderes del golpe de estado y se mantuvo alejado de Urartu durante todo su reinado. En casa, hizo todo lo posible para asegurarse de que a sus hermanos no les quedaran aliados poderosos, por si alguna vez intentaban regresar del exilio. Los funcionarios de alto y bajo rango sospechosos de simpatizar con el enemigo fueron sustituidos en todo el imperio. Los archivos de Nínive y Kalhu muestran, por ejemplo, que todo el personal de seguridad de palacio fue despedido, y podemos sospechar que no fueron jubilados anticipadamente, sino ejecutados. Su sangriento ascenso al poder marcó profundamente al nuevo rey y Esarhaddon desconfiaba de todos los que le rodeaban. Se suponía que las consultas rutinarias realizadas cada tres meses al dios del sol Šamaš, que todo lo ve, patrón de la justicia y la adivinación, servirían para determinar si alguien le deseaba el mal. Pero, problemáticamente, los principales sospechosos eran quienes debían apoyarle en el gobierno: funcionarios del Estado, miembros de la extensa familia real, el ejército, el personal de palacio y los aliados asirios que proporcionaban tropas auxiliares para el ejército del imperio. Esta es una de las muchas preguntas de este tipo de finales del reinado de Esarhaddon, archivada en copia junto con el informe pericial sobre la autopsia del hígado de un cordero sacrificado que se creía que revelaba la respuesta divina:

> ¿Alguno de los eunucos u oficiales barbudos, los cortesanos del rey, los miembros de la línea real, mayores o menores, o cualquier otro pariente del rey, o los oficiales militares, oficiales de reclutamiento, equipo los comandantes, la guardia real, los guardias personales o los aurigas del rey, los guardianes de las puertas interiores o exteriores, los mozos de cuadra, el personal doméstico, los cocineros, los pasteleros, los panaderos, los artesanos o auxiliares (varios extranjeros), o sus hermanos, hijos o sobrinos, sus amigos (literalmente, «amos de la sal y el pan») o cualquiera que esté relacionado con ellos, sean eunucos o barbudos, cualquier enemigo, ya sea de día o de noche, o en la ciudad o en el campo, ya sea mientras (Esarhaddón esté) sentado en el trono real o en carro o calesa, caminando, saliendo o entrando, comiendo o bebiendo, vistiéndose o desvistiéndose o lavándose, ya sea mediante engaño o astucia o por cualquier otro medio, haga un levantamiento y una rebelión contra Esarhaddón, rey de Asiria?... Te pregunto, gran señor Šamaš, si desde hoy 6/XII hasta el 5/III del año venidero se sublevarán y rebelarán contra Esarhaddón, rey de Asiria, si actuarán de manera hostil contra él o lo matarán.

Los aliados asirios enumerados en esta consulta indican que el poder del imperio era mayor que nunca. Por la fuerza o mediante tratados, y a menudo por ambas vías, el imperio había adquirido nuevos socios que extendían la influencia asiria hasta el mar Caspio y Sudán y hasta las profundidades de la península arábiga. Nuestro texto enumera a Elam y a los nómadas cimerios de Irán, a los pueblos a lo largo del Nilo, incluido el reino de Kush, y a tribus árabes como los qedaritas, que quedaron vinculados al imperio. La firma de un tratado de paz con Elam, antiguo rival de Asiria en Irán, en 674 fue una hábil maniobra política que aseguró las fronteras orientales del imperio. Esto supuso la primera oportunidad de invadir Egipto, cuyo paisaje políticamente fragmentado estaba entonces dominado por el nubio Taharqa, rey de Kush, en el actual Sudán. El primer intento de invasión de Asiria en 673 se saldó con una precipitada retirada. Pero en 671, cuando los nuevos aliados árabes se emplearón en un ataque inesperado a través del desierto del Sinaí, Egipto fue conquistado. Aunque para reforzar la supremacía asiria fueron necesarias nuevas campañas (véase la figura 11) en 667 a.C. y 664 a.C., que llegaron hasta el sur de Tebas, la región se organizó en un estado vasallo asirio unificado, primero bajo el gobierno de Nekho de Sais y después bajo el de su hijo Psammetikh.

Todos los gobernantes asirios solicitaron el consejo del dios del sol, aunque debido a las posibilidades de conservación y recuperación, las únicas consultas que sobreviven en el original son de los reinados de Esarhaddon y su sucesor Aššurbanipal. Para el proceso real de toma de decisiones, la búsqueda del consejo divino era crucial, ya que formular el problema como una pregunta y luego interpretar la respuesta del dios permitía una discusión mucho más abierta con funcionarios y consejeros de lo que habría sido posible de otro modo en una monarquía absoluta en la que ningún hombre era igual al rey todopoderoso. Las consultas conocidas abarcan una amplia gama de asuntos militares y políticos, como los nombramientos para puestos clave en el Estado y la corte. Pero las consultas sobre una posible traición sólo sobreviven en el caso de Esarhaddon. Su preocupación por la seguridad también determinó la forma en que hizo rediseñar los palacios de Nínive y Kalhu: como fortalezas inexpugnables.

UN REY EN PENA

Las inscripciones de Esarhaddon lo retratan al estilo tradicional como el héroe solitario que triunfa por sí solo. En sus cartas privadas, el rey también aparece como un hombre solitario, pero de una forma totalmente distinta. La correspondencia con los eruditos de su entorno nos permite conocer en detalle su estado mental y físico y demuestra que, a pesar de sus éxitos políticos y militares,

Esarhaddon no era un hombre feliz. En 673 sufrió un duelo traumático al perder primero a su esposa, la reina Ešarra-hammat y, poco después, a su hijo, durante cuyo parto pudo morir ella. Como leemos en una carta de su exorcista personal Adad-šumu-usur, uno de los expertos encargados de velar por el bienestar del rey:

> En cuanto a lo que el rey, mi señor, me escribió: «Me siento muy triste; ¿cómo hemos actuado para que me haya deprimido tanto por este pequeño mío?» - ¡Si hubiera sido curable, habrías regalado la mitad de tu reino para que lo curaran! Pero, ¿qué podemos hacer? Oh rey, señor mío, es algo que no se puede hacer.

Esarhaddon enfermaba con frecuencia, sufría ataques de fiebre y mareos, violentos ataques de vómitos, diarrea, hemorragias nasales y dolorosos dolores de oído. Una erupción cutánea permanente desfiguraba algunas partes de su cuerpo y especialmente su rostro. La depresión y el miedo a la muerte ensombrecieron su vida y durante días se recluyó en su dormitorio, rechazando la comida, la bebida y la compañía humana. En una de sus cartas, Adad-šumu-uṣur intentó razonar con su paciente real:

> ¿Por qué no se trae hoy la mesa al rey, mi señor, ya por segundo día consecutivo? ¿Quién permanecería en la oscuridad mucho más tiempo que (el dios del sol) Šamaš, el rey de los dioses, permanece en la oscuridad, un día y una noche enteros, y de nuevo dos días? El rey, el señor del mundo, es la imagen misma de Šamaš. ¡Debería permanecer en la oscuridad sólo medio día!… Comer pan y beber vino pronto eliminará la enfermedad del rey. Hay que prestar atención a los buenos consejos: la inquietud, el no comer y el no beber perturban la mente y agravan la enfermedad. En este asunto, el rey debe escuchar a su siervo.

El público moderno puede sentir simpatía por el sufrido Esarhaddon. Pero en una sociedad que veía la enfermedad como un castigo divino, un rey enfermo no podía esperar mucha compasión. Por el contrario, sus súbditos verían su aflicción como una indicación de que los dioses carecían de buena voluntad hacia su gobernante. Por tanto, había que ocultar la fragilidad del rey. Dadas las restricciones que regulaban la interacción directa con el monarca, esto podía lograrse hasta cierto punto, pero era esencial que Esarhaddon asumiera sus múltiples obligaciones públicas como rey.

El antiguo ritual del Rey Sustituto se utilizó repetidamente para permitir a Esarhaddon escapar de la carga de la realeza. Este ritual pretendía proteger al rey de un peligro mortal predicho por un eclipse. Un sustituto ocupaba su lugar durante cien días. Vestía las ropas del rey, comía sus comidas y dormía en su cama, mientras que el verdadero monarca, bajo el seudónimo de «El Granjero», vivía oculto al público, lo que, lo que, dado el deseo de Esarhaddon de hacer precisamente eso, no fue ninguna dificultad.

Aunque no fue el único gobernante que mandó realizar el ritual, Esarhaddon lo hizo al menos cuatro veces, lo que no tiene parangón. A través de referencias en la correspondencia privada podemos datar estos casos. Uno de los rituales se realizó en 671, sólo once días después de la primera victoria decisiva de la campaña egipcia en curso. Mientras su ejército continuaba la guerra bajo el mando del eunuco jefe Aššur-naṣir (como indica una consulta de nombramiento), Esarhaddon se ocultó. En los dos años siguientes, el ritual se realizó dos veces más, lo que permitió a Esarhaddon retirarse durante periodos considerables. Desde el punto de vista político, estas ausencias tal vez sólo fueron posibles ya que, en 672, el hijo de Esarhaddon, Aššurbanipal, había sido nombrado príncipe heredero de Asiria y, posteriormente, asumió una parte importante de las funciones de su padre. Pero la huida de Esarhaddon del trono no estuvo exenta de víctimas. El ritual dirigió el mal predicho hacia el rey sustituto, pero éste no fue dejado al azar: fue ejecutado al final de los cien días. Aunque normalmente se elegía a una mente sencilla que no cuestionara su repentino ascenso al trono, al menos en una ocasión Esarhaddon eligió a un adversario político como Rey Sustituto, en un plan diseñado para matar dos pájaros de un tiro.

Esarhaddon cumplió muy bien un aspecto de sus obligaciones reales: tuvo muchos hijos (al menos dieciocho). En 670, nació el primer hijo de su heredero Aššurbanipal, asegurando la realeza para sus descendientes en las dos generaciones siguientes. Pero ese mismo año, una profecía se propagó como el fuego desde Harran, en el norte de Siria. Una mujer del lugar había caído en éxtasis, pronunciando un sensacional mensaje divino: «Esta es la palabra de (el dios de la luz) Nusku: «La realeza pertenece a Sasî. Destruiré el nombre y la semilla de Senaquerib»». Hoy en día, Sasî sigue siendo una figura enigmática cuyos orígenes se desconocen, pero, en aquella época, no tardó en encontrar partidarios en todo el imperio. El movimiento para deshacerse de Esarhaddon se detuvo rápidamente, pero con un gran coste para el estado. Según el médico jefe de Esarhaddon, la insurrección «hizo que todos los demás pueblos se volvieran odiosos a los ojos del rey, manchándolos como un curtidor con el aceite de pescado», y la entrada de las Crónicas Babilónicas para 670 dice: «En Asiria, el rey mató a espada a muchos de sus grandes». Después de las ejecuciones que siguieron al asesinato de Senaquerib, ésta fue la segunda matanza masiva de funcionarios del estado asirio que Esarhaddon había ordenado en una década. Pero la bien engrasada maquinaria de la administración asiria era la columna vertebral del imperio y estas ejecuciones causaron un daño permanente al estado, quizás más que el asesinato de un rey. Después de todo, había sido un testimonio de la sólida estructura administrativa del imperio que el aparato estatal pudiera absorber en gran medida los efectos dañinos de la fragilidad de Esarhaddon y su negativa periódica a llevar la carga de la realeza, al tiempo que ampliaba espectacularmente la influencia del Imperio asirio con la conquista de Egipto. En retrospectiva, el año 670 marca el momento en que el imperio alcanzó su cenit. La segunda serie de ejecuciones entre los funcionarios debilitó enormemente al Estado y detuvo en seco la expansión del poder asirio. El propio Esarhaddon murió poco después, en el 669, aparentemente sin que mediara juego sucio.

DOS ERUDITOS DE NACIMIENTO DISTINGUIDO, CON AMBICIONES FRUSTRADAS

El cargo más destacado para un hombre de letras era el de principal erudito del rey, llamado primero escriba real (véase el capítulo 5) y más tarde maestro erudito (*ummānu*). Desde que Gabbu-ilani-ereš había sido maestro erudito de los reyes Tukulti-Ninurta II y Ašurnasirpal II en el siglo IX, su familia era la más importante de Asiria. Gabbu-ilani-ereš se trasladó con la corte de Aššur a la nueva ciudad de residencia Kalhu, donde su familia floreció posteriormente. Muchos de sus descendientes gozaron del patrocinio real como grandes expertos en las artes del exorcismo o en la adivinación celestial, utilizando la astrología para predecir el futuro. Su descendiente Nabu-zuqup-kenu aportó numerosos manuscritos de obras literarias y eruditas a la biblioteca real (véase el capítulo 6), incluida una copia de la Epopeya de Gilgamesh, y dos de sus hijos sirvieron a Esarhaddon en puestos muy destacados. Ya hemos encontrado a Adad-šumu-uṣur como exorcista personal del rey, tratando de persuadir a Esarhaddon por ataques de depresión. Su hermano Nabu-zeru-lešir fue, al igual que su ilustre antepasado, maestro erudito y, como escriba jefe, responsable en última instancia de la composición de las inscripciones del rey. Su hijo Issar-šumu-ereš le sucedió en este cargo, continuando su servicio bajo el rey Aššurbanipal. Sin embargo, su otro hijo, Šumaya, y su sobrino Urdu-Gula, ambos formados como exorcistas, no lograron alcanzar puestos permanentes en la corte. Ambos escribieron peticiones a Ašurbanipal que contenían descripciones detalladas de sus circunstancias económicas y sociales.

Tras la muerte de su padre, Šumaya cargó con las deudas heredadas y solicitó en dos ocasiones al príncipe heredero Ašurbanipal ayuda económica y que se le asignaran algunas de las funciones que había desempeñado su padre. Šumaya solía trabajar para el príncipe heredero y en sus cartas recordaba a Aššur banipal la larga asociación de la familia con la casa real, suplicando que se le reconociera como a su padre y a su abuelo antes que a él. El rey Esarhaddon es para él un modelo a seguir que no dudaría en hacer lo correcto por Šumaya, pero su apego, por desgracia, era hacia Ašurbanipal, que estaba bastante menos dispuesto a proteger a este vástago de una antigua familia erudita.

Urdu-Gula, primo de Šumaya e hijo de Adad-šumu-uṣur, también se vio excluido de la corte y desairado por Aššurbanipal, ahora rey de Asiria. En su emotiva petición, Urdu-Gula se declaraba amargamente avergonzado. Con sólo una pequeña propiedad agrícola y dueño de ocho esclavos, reducido a vestir ropas viejas y tener que caminar desde que murieron sus dos bestias de carga, era el hazmerreír de los eruditos que seguían gozando del favor del rey, o eso creía él. Desde luego, no era un hombre pobre, pero el hecho de estar acostumbrado a una situación más acomodada le había llevado a contraer deudas por valor de (al menos) tres veces sus antiguos ingresos anuales en la corte. También le desesperaba la falta de hijo y heredero y le preocupaba quién cuidaría de él en la vejez. Sacrificó a la diosa Ištar de Kadmuri en Kalhu para bendecir a su esposa con el deseado embarazo. Si esta estrategia seguía fracasando, Urdu-Gula probablemente habría adoptado un varón, la solución asiria habitual a la falta de hijos.

¿Por qué estos dos hombres, a pesar de su educación, su excelente pedigrí y su familiaridad con la familia real, no disfrutaron de una posición privilegiada en la corte, con todos los beneficios materiales anexos, que tan obviamente pensaban que les correspondía por derecho? Durante el reinado de Esarhaddon, numerosos eruditos altamente cualificados de todo el mundo se unieron al séquito erudito del rey. Esarhaddon tenía un médico egipcio, encargó a un experto babilonio la reorganización de los cultos babilonios y empleó a varios expertos nativos en disciplinas específicamente egipcias y anatolias de adivinación y práctica ritual. Algunos de los eruditos asirios que habían crecido esperando encontrar fácil aceptación en la corte se encontraron con una competencia por el favor del rey más feroz que nunca y con sus ambiciones frustradas.

MUY RICO Y AMIGO DEL REY: UN TERRATENIENTE DE DUR-KATLIMMU

El acaudalado terrateniente Šulmu-šarri fue otro contemporáneo de Aššurbanipal. Sabemos de él por los documentos excavados en las ruinas de su casa señorial en Dur-Katlimmu (véase el capítulo 2), la llamada «Casa Roja» (figura 9). El archivo consta de unas 150 tablillas en cuneiforme asirio y unos cincuenta legajos triangulares de arcilla en arameo alfabético: textos jurídicos que contienen mucha información sobre la situación económica del hogar de Šulmu-šarri. Es probable que fuera oficial del ejército, ya que la mayoría de las personas que actúan como sus testigos en los documentos tenían títulos militares: Dur-Katlimmu albergaba una guarnición con un cuerpo de carros y un servicio de inteligencia. Cuando tenía al menos 50 años, Šulmu-šarri fue ascendido al distinguido cargo de «Amigo» (*ša qurbūte*, literalmente «El que está cerca») de Aššurbanipal, que le permitía representar al rey en asuntos confidenciales por todo el imperio.

Como muchos de los que gozaban del favor del rey, Šulmu-šarri era un hombre muy rico. Su riqueza era de una escala totalmente diferente a la de los eruditos acomodados.

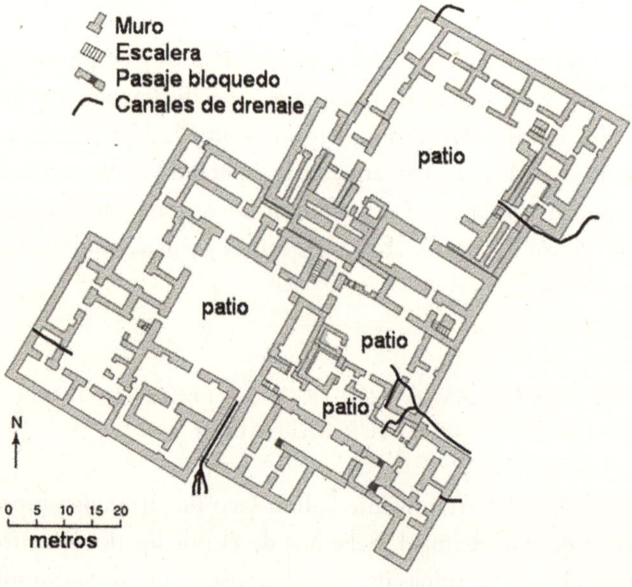

9. La Casa Roja de Dur-Katlimmu.

Sólo los documentos de compra que se conservan mencionan ocho campos, tres jardines y tres casas y edificios agrícolas en Dur-Katlimmu y sus alrededores, y también poseía una aldea entera en la región de Aqra, en el norte de Irak, como sabemos por un acta judicial relativa a un crimen cometido allí. Podemos estar seguros de que poseía otras propiedades además de las mencionadas en los documentos, algunas quizá concedidas por el rey. La "Casa Roja" es testimonio de su riqueza. Con una superficie habitable de 5.400 m2, este enorme edificio consta de tres alas separadas dispuestas alrededor de patios pavimentados. La entrada principal, en el norte, conducía a la primera parte del edificio, con amplios almacenes, algunos refrigerados. Un vestíbulo de recepción central proporcionaba y regulaba el acceso al ala representativa en el este y a las dependencias privadas en el oeste del edificio. Allí había dos pozos, varias zonas de cocina y cuatro cuartos de baño, todos conectados al complejo sistema de alcantarillado. El edificio tenía un segundo piso, al que se accedía por cuatro escaleras. Šulmu-šarri y su familia compartían esta mansión con sus numerosos esclavos. En tres décadas, compró a más de cincuenta personas. Dos tercios eran mujeres, a menudo madres con hijas jóvenes, y los restos de telares horizontales a lo largo de las paredes de los patios de la "Casa Roja" sugieren que contribuían a la producción textil de la casa. Los pastores al servicio de Šulmu-šarri que apacentaban sus rebaños en la estepa al este de Dur-Katlimmu proporcionaban la lana necesaria.

En el archivo familiar se atestiguan tres hijos adultos de Šulmu-šarri. No sabemos nada de su madre, pero es posible que fuera pariente, tal vez hermana o hija, de Rahimi-il, estrecho colaborador de Šulmu-šarri y oficial del cuerpo de carros. En una conexión familiar explicaría por qué algunos de los documentos legales de Rahimi-il se encontraron en el archivo familiar. Los hijos heredaron los bienes de su padre después de que éste muriera en algún momento del reinado del segundo sucesor de Aššurbanipal, Sin-šarru-iškun, seguramente de viejo. No se conoce su tumba. Aunque en otros lugares de Dur-Katlimmu hay tumbas subterráneas, en la «Casa Roja» no se encontró ninguna estructura de este tipo. Tal vez Šulmu-šarri fue enterrado en otra de sus numerosas propiedades.

UN COMERCIANTE DE VINO DE AŠŠUR Y SUS CLIENTES

Duri-Aššur, jefe de una empresa comercial con sede en Aššur, fue otro contemporáneo del rey Ašurbanipal. A diferencia de los eruditos Šumaya y Urdu-Gula y del «amigo» real Šulmu-šarri, es poco probable que conociera personalmente al rey. Vivía en el centro de Aššur, en una casa de unos 150 m² de superficie habitable. Comparada con la gigantesca mansión Dur-Katlimmu de Šulmu-šarri, puede parecer minúscula, pero en el entorno urbano densamente edificado de Aššur, tenía un tamaño respetable. La casa servía como centro logístico de una de las muchas compañías comerciales privadas que operaban fuera de Aššur. Todos sus ciudadanos estaban exentos de impuestos, incluidos «los derechos de puerto, cruce y entrada por tierra o por agua», lo que reducía considerablemente el coste de la importación de mercancías y hacía del comercio una empresa atractiva.

Las cartas y listas excavadas en su archivo en 1990, 2000 y 2001 durante las excavaciones alemanas demuestran que Duri-Aššur y tres socios (llamados "hermanos") organizaban el comercio con las regiones septentrionales del Imperio Asirio. Él supervisaba la logística de la empresa en Aššur mientras sus socios viajaban para organizar sus actividades comerciales. La empresa empleaba a cuatro jefes de caravana que realizaban tres viajes al año cada uno. Viajaban río arriba por el Tigris con burros cargados de la plata necesaria para realizar las compras y mercancías procedentes de Aššur : sombreros, zapatos y tejidos exclusivos, que también servían de material de embalaje para las provisiones y el dinero. Su destino era Zamahu, en Jebel Sinjar, en la región fronteriza entre Irak y Siria, famosa por sus vinos. Una vez que la caravana llegó allí, se vendió todo, incluidos los burros, y los agentes de Duri-Aššur compraron vino con las ganancias, completado con los fondos de plata. El vino se envasaba en pieles de animales (ovejas, cabras; raramente vacas). Por cierto, existe un vínculo moderno entre Asiria y los grandes recipientes de vino, ya que las botellas de nueve litros utilizadas para el champán y el borgoña se llaman «Salmanazar» (por la pronunciación francesa del nombre real asirio Shalmaneser). Los odres se ataban con troncos para crear balsas para el viaje de vuelta a Aššur, en el Tigris. Esto era bueno para el vino, ya que el río lo mantenía fresco y evitaba que se echara a perder. De vuelta a Aššur, todos los componentes de la balsa constituían una valiosa mercancía: los odres, por supuesto, pero también los troncos, muy demandados como madera de construcción en Aššur , que carecía de bosques. Posteriormente, el vino se trasegaba a vasijas de cerámica similares a ánforas. Cuando se servía, se mezclaba con agua. La gente bebía (aproximadamente) medio litro de vino a sorbos con un volumen de poco más de medio litro. Se equilibraban con elegancia sobre los dedos de la mano derecha, lo que debía de impedir que se excedieran.

En el siglo VII a.C., el consumo de vino era habitual entre los habitantes acomodados de Aššur. A partir del siglo IX, la integración en el imperio de las regiones vitivinícolas del flanco meridional de la cordillera del Tauro permitió que el consumo de vino se extendiera más allá del palacio y los templos: el vino llevaba mucho tiempo formando parte de las comidas rituales servidas a los dioses asirios. Para los consumidores privados de Aššur, el vino debía adquirirse a grandes distancias y era un lujo caro. La solución consistía en invertir en la empresa de Duri-Aššur, con participaciones garantizadas en las importaciones de vino a cambio de plata pagada por adelantado. La empresa contaba con una base de clientes fieles con inversiones repetidas, que presumiblemente mantenían así sus bodegas bien surtidas. Aunque algunos inversores aportaban importantes sumas de dinero, la mayoría de las cantidades invertidas eran bastante pequeñas, a veces sólo una fracción de un siclo de plata. Las listas de inversiones del archivo de Duri-Aššur permiten hacerse una idea de la composición de la población amante del vino de Aššur a finales del siglo VII a.C.: en su mayoría, artesanos y personal administrativo al servicio del templo de Aššur, pero también funcionarios de la ciudad y afiliados a los hogares de los miembros de la familia real que mantenían residencias en Aššur. Un gran número de mujeres invirtieron en la empresa vinícola, y la mayoría de ellas fueron identificadas como egipcias. También había hombres egipcios entre los clientes, y su presencia no es sorprendente, dado que la casa contigua a Duri-Aššur pertenecía a una familia egipcia, una de las muchas que se asentaron en la ciudad tras la conquista de Menfis en 671 a.C. Pero, ¿por qué la empresa tenía tantas clientas egipcias? En Egipto, las mujeres solían llevar a cabo negocios de forma independiente, a diferencia de lo que ocurría en el corazón de Asiria, donde las mujeres podían hacerlo, si era necesario, pero solían estar representadas por un familiar varón. Las pruebas del archivo de Duri-Aššur sugieren que, incluso décadas después del traslado a Asiria, la comunidad egipcia seguía concediendo a sus mujeres su tradicional independencia.

Según su archivo, la empresa vitivinícola estuvo activa desde 651 hasta que los medos conquistaron la ciudad de Aššur en 614 a.C.; algunas de las cartas de Duri-Aššur aún no habían sido abiertas cuando su casa estalló en llamas. Las guerras que siguieron no sólo acabaron con las actividades de la empresa, sino que interrumpieron el comercio transregional a gran escala, mientras que el botín del Imperio asirio se repartía entre los ejércitos babilónico, medo y egipcio.

Capítulo 4

ASIRIOS EN EL EXTRANJERO

A través de una serie de fuentes primarias de diferentes épocas, captaremos instantáneas de la vida de varios asirios lejos de la ciudad de Aššur y del corazón asirio: algunas felices, otras no.

ASUNTOS FAMILIARES EN LA COLONIA COMERCIAL DE KANEŠ, C.1900 A.C.

Los comerciantes asirios activos en Anatolia (véase el capítulo 2) estaban lejos de casa, a menudo y durante largos periodos. Los que viajaban por negocios desde Aššur pasaban al menos tres meses fuera si su destino era Kaneš, y bastante más si se dirigían a los puestos comerciales anatolios aún más remotos, como Durhumit o Purušhaddum. Pero muchos vivían permanentemente en Kaneš, o en una de las otras colonias, como representantes locales de su empresa familiar, a veces incluso durante varias décadas. Sus familias en Aššur los echaban de menos, como demuestran las cartas excavadas en el barrio asirio de Kaneš, especialmente las de sus parientes femeninas.

Esta carta fue enviada por hermanas preocupadas:

> Aquí (en Aššur), hemos consultado a intérpretes de sueños y adivinas y a los espíritus de los muertos: ¡el dios

Aššur sigue advirtiéndote! Amas el dinero pero odias tu vida. ¿No puedes satisfacer a Aššur (aquí) en la ciudad? En cuanto leas esta carta, ven aquí para ver el ojo de Aššur y (así) salvar tu vida.

Los registros de la empresa familiar muestran que cuando el hermano regresaba a Aššur tras muchos años en el extranjero, lo hacía con los fondos tristemente mermados. De vez en cuando, las mujeres de la familia hacían el viaje a Anatolia, pero un pariente varón tenía que acompañarlas. Como escribió una madre de Aššur a su hijo de Kaneš:

> Ven pronto (a Aššur) para que yo pueda partir contigo y vigilar la casa de tu padre y la tuya (es decir, la empresa familiar) en Kaneš para que nadie cause problemas a la casa de tu padre.

Al parecer, el padre estaba delicado de salud y no le quedaba mucho tiempo de vida. Anteriormente, en la misma carta, la madre recordaba al hijo sus obligaciones para con su familia:

> Si no eres tú, ¿a quién más tenemos allí (en Kaneš)? Si no eres tú, ¡tu padre no tiene a nadie más allí! Actúa como un hombre, sigue las instrucciones de tu padre, guarda los documentos de tu padre y pide que se paguen todas sus deudas pendientes. Vende la mercancía de tu padre, luego prepárate y ven aquí (a Aššur) para que puedas ver el ojo del dios Aššur y de tu padre y así complacer a tu padre.

Algunas esposas siguieron a sus maridos comerciantes por Anatolia, lo que no era necesariamente una receta para la armonía y la felicidad, si se consulta la carta de una esposa en la que relata las estaciones de su vida en Anatolia y la relación cada vez más disfuncional con su marido, que la mayor parte del tiempo estaba en otro lugar y la trataba con desdén cuando estaban juntos. La esposa escribió lo siguiente, después de encontrarse de nuevo abandonada, esta vez en la colonia comercial de Hahhum (cerca de Samsat, en Turquía):

> Me dejaste en Purušhaddum y realmente fui borrada de la mente de mi marido. ¡Y (ahora) no te ocupas de mí cuando he venido aquí (a Hahhum)! En Kaneš, me degradaste y durante todo un año no me dejaste acercarme a tu cama. Desde Timilkiya me escribiste: «¡Si no vienes aquí ya no eres mi esposa! Lo haré aún peor que en Purušhaddum». Luego te fuiste de Timilkiya a Kaneš, diciendo: «Me iré de nuevo (de Kaneš) dentro de 15 días», ¡pero en lugar de 15 días te quedaste allí durante un año! Me escribiste desde Kaneš: «Ven a Hahhum». ¡Y ahora llevo un año viviendo en Hahhum y ni siquiera mencionas mi nombre en tus cartas de negocios!

No es de extrañar que la mayoría de las esposas se quedaran en Aššur.

Durante su residencia en Kaneš, algunos residentes asirios se casaron con mujeres locales y fundaron otra familia allí a pesar de que ya tenían esposa e hijos en su país. Tal era perfectamente lícito, siempre y cuando las dos mujeres no vivieran en la misma ciudad: sólo una era considerada la «esposa» (aššatum), normalmente la que residía en Aššur, mientras que la otra era simplemente una consorte y designada como amtum: esta palabra significa en asirio «mujer esclava», pero en este contexto específico significa esposa local secundaria. Por lo demás, la bigamia no se practicaba en Kaneš y los registros de las familias locales indican que los habitantes nativos eran monógamos. Pero se hacía una excepción, y con mucho gusto, cuando el novio era un próspero comerciante asirio y un atractivo reclamo en el mercado matrimonial.

En algunas casas habitadas por familias anatolias locales se encontraron archivos de tablillas cuneiformes, en su mayoría textos legales que documentaban deudas y compras. Se echa en falta la extensa correspondencia característica de los archivos asirios, lo que no es de extrañar si se tiene en cuenta lo siguiente que no había necesidad de mantener relaciones a larga distancia con familiares y socios comerciales en el extranjero. Curiosamente, los habitantes de Canea no adaptaron la escritura cuneiforme a la hitita, su lengua hablada: parece que lo hicieron deliberadamente, ya que habría sido perfectamente posible hacerlo, como demuestran los numerosos préstamos y nombres de las tablillas en lengua asiria. En lugar de ello, preferían escribir en asirio incluso dentro de su propia comunidad, lo que concuerda con la gran estima que se tenía por todo lo asirio.

Independientemente de su posición social en Aššur, los comerciantes que se casaban con muchachas locales parecían poder elegir entre las familias locales más ricas, aunque el cónyuge nacido en Kaneš tenía que aceptar una relación desigual que favorecía al marido asirio. En cambio, en un matrimonio entre nativos, marido y mujer eran iguales y poseían todos los bienes en común. Pero tal vez este desequilibrio se compensaba por el hecho de que el matrimonio mixto no era «hasta que la muerte nos separe». Al contrario, tal relación tenía una fecha de caducidad, la marcha definitiva del marido a Aššur, cuando se redactaba un contrato de divorcio que normalmente dejaba a la mujer con la casa en Kaneš, una cierta suma de dinero y la libertad de volver a casarse. Aunque el padre asirio podía optar por llevarse a algunos de los hijos a Aššur, tenía que hacerse cargo de la crianza de los que se quedaban en Kaneš con su madre. La perspectiva de obtener beneficios económicos en el futuro eclipsaba claramente cualquier preocupación que las familias de las mujeres locales pudieran haber albergado respecto a la idoneidad del acuerdo.

ENVIADOS A LA CORTE DEL FARAÓN AKHENATÓN, HACIA 1340 A.C.

El faraón Tutmosis III (siglo xv a.C.; dinastía xviii) expandió enormemente el poder egipcio dirigiendo campañas militares en lo más profundo de Siria e incluso llegó hasta el Éufrates, para él "esa agua invertida que va río abajo al ir río arriba". Estableció una frontera con Mittani y en tres ocasiones aceptó regalos de los gobernantes bajo su autoridad, incluido el líder anónimo de Aššur. Lo más probable es que se tratara de Aššur-nadin-ahhe I, quien, si creemos a uno de sus sucesores, había recibido en una ocasión veinte talentos de oro de Egipto. La suma real puede haber aumentado sustancialmente en la memoria asiria en el siglo intermedio o bien Aššur-uballit I, que citó esta cifra, puede haber inflado deliberadamente la cantidad con el fin de avergonzar a su corresponsal, el faraón Akenatón, para que enviara un regalo igual de generoso; después de todo, su antiguo señor, el rey de Mittani (Hanigalbat para los asirios), también había recibido veinte talentos. Pero fuera como fuese, el oro egipcio cautivó sin duda la imaginación del soberano asirio y aparece en las fuentes como un incentivo clave para el contacto diplomático con el lejano reino del Nilo.

Aššur-uballit I fue el primer gobernante asirio que adoptó los títulos de rey y, durante su gobierno de más de tres décadas, tuvo un gran éxito a la hora de establecer su flamante reino como un estado poderoso. Hacia el final de su reinado, incluso marchó sobre Babilonia con el fin de instalar a un rey aceptable para él (véase Capítulo 5). Las dos cartas encontradas entre la correspondencia estatal de los faraones de finales de la Dinastía XVIII de Egipto, apodadas las «Cartas de Amarna» por el lugar donde se hallaron, datan de una época anterior de su reinado. Parece que aún no había pasado por la metamorfosis de gobernante local a estadista internacional. La primera de sus cartas fue redactada en asirio y es bastante breve, sobre todo si se tiene en cuenta que tuvo que recorrer una gran distancia para llegar a su destinatario. Desde Aššur, el enviado que llevaba la carta tenía que atravesar toda Siria y luego viajar por la costa mediterránea. Bordeando la península del Sinaí por la ruta costera, habría llegado al delta del Nilo y continuado río arriba hasta la capital de Akhetatón, la actual Amarna. En total, se trata de una distancia de 1.450 kilómetros en línea recta, pero de al menos 1.800 kilómetros por tierra.

El enviado de Aššur-uballit llevó consigo un regalo de bienvenida, que habría sido presentado oficialmente una vez que se hubiera asegurado una audiencia con el faraón. En su primera obertura diplomática, el rey asirio envió un carro y dos caballos, así como un trozo de lapislázuli, una piedra preciosa muy apreciada de color azul oscuro procedente del lejano Afganistán. Aparte de iniciar el contacto, la primera carta de Aššur-uballit se ocupaba sobre todo de asegurarse de que su enviado regresara con prontitud:

> No retrases la visita del enviado que te envié. Debe visitarte y luego partir hacia aquí. Que vea cómo sois y cómo es vuestro país, y luego parta hacia aquí.

La segunda carta es quizá más pulida en su estilo, pero no muy diferente en su tono. No está escrita en asirio, sino en babilonio, la lengua de la política internacional. También era mucho más larga. Aššur-uballit y su cancillería habían estado investigando los tratos anteriores con Egipto y, como hemos visto, salpicaron la carta con datos y cifras en un intento de conseguir un regalo adecuado a cambio de la ofrenda asiria: un carro con dos caballos blancos digno de un rey, otro carro y un sello de lapislázuli. El rey asirio dejó muy claro lo que quería como regalo a cambio: oro, e idealmente más del que había recibido antes.

> El oro en tu país es polvo; uno simplemente lo recoge. ¿Por qué eres tan parco en él? Estoy construyendo un nuevo palacio. Envíame todo el oro que sea necesario para adornarlo.

Y la carta continuaba:

> Somos países muy distantes. ¿Nuestros mensajeros deben estar siempre en marcha para obtener tan (pobres) resultados?

Puede que para el incipiente estadista Aššur-uballit los contactos diplomáticos con Egipto tuvieran que ver sobre todo con el dinero, pero estaba realmente encantado de que Akenatón hubiera enviado una delegación para devolver la visita a Aššur. Aunque había insistido en que su propio enviado regresara inmediatamente, no tenía esa intención:

> Cuando vi a tus enviados, me sentí muy feliz. Ciertamente tus enviados residirán conmigo, tenidos en gran estima.

Presumir de diplomáticos egipcios ante la élite asiria y los dignatarios visitantes no hacía sino aumentar el prestigio de Aššur-uballit. Su propio enviado permanece anónimo en las fuentes disponibles, pero sin duda era un individuo de alto rango, y tal vez un miembro de la familia real. El enviado hitita Teli-Šarruma, que fue enviado a la corte de Tukulti-Ninurta I de Asiria en el siglo XIII, por ejemplo, era un príncipe. Forma parte de un grupo de diplomáticos que visitaron Asiria en textos de Harbe (actual Tell Chuera, en el noreste de Siria). Teli-Šarruma viajó con cuatro yuntas de caballos, tres de mulos y seis asnos, habiendo entregado cartas y regalos a la ciudad de Aššur, al igual que el enviado del estado sirio de Amurru, que realizó el viaje con diez asnos. El enviado fenicio de Sidón, en el Líbano, viajó mucho más ligero, con sólo un carro y tres asnos, pero sólo tenía cartas que entregar, aunque importantes, enviadas por el faraón egipcio al rey asirio. A todos los enviados, su personal y sus animales se les garantizaba alojamiento y comida. Los documentos excavados en Harbe organizaban el avituallamiento de las delegaciones en cada parada de su viaje de regreso a casa, siempre que estuvieran en territorio asirio. Para el enviado de Aššur-uballit que viajaba de Aššur a Akhetatén un siglo antes, la situación habría sido similar.

DESTERRADO A LAS MONTAÑAS, C.1082 A.C.

Los paleoclimatólogos exploran las condiciones climáticas del pasado analizando materiales cuyas propiedades se vieron influidas por el clima circundante para recuperar datos indirectos. Hay dos métodos que funcionan bien para el antiguo Oriente Próximo. El primer método utiliza un taladro muy grande para recuperar sedimentos antiguos, preferiblemente del fondo de lagos ("núcleos lacustres"), y recoger polen y otros indicadores climáticos para medir la temperatura, el contenido de oxígeno y los niveles de nutrientes, así como carbón vegetal para datar las capas mediante la datación por carbono. El otro método utiliza un taladro mucho más pequeño para cortar en formaciones de cuevas kársticas (espeleotemas) y recuperar secuencias de las capas microscópicas, que se añaden anualmente a medida que el agua gotea hacia abajo y cuyas propiedades químicas difieren cada año. Los análisis resultantes muestran que, hacia 1200 a.C., finalizó un periodo de frío comparativo asociado a un aumento de las precipitaciones, que duró unos tres siglos. Posteriormente, las condiciones climáticas se calentaron y llovió menos: este periodo más árido duró hasta c.900 a.C. El clima más seco fue una mala noticia para las regiones agrícolas marginales, ya que convirtió la agricultura de secano, tal y como se practicaba tradicionalmente en el norte de Mesopotamia, en una apuesta arriesgada.

En 1987, el climatólogo Jehuda Neumann y el asiriólogo Simo Parpola ya habían propuesto una conexión entre el cambio climático y las migraciones masivas que desestabilizaron gran parte de Oriente Próximo en aquella época. En concreto, Parpola afinó la comprensión de un texto de crónica asiria, conocido desde hacía tiempo pero fragmentario, que da la siguiente entrada para el año 1082 a.C.:

> [En el año 32 del rey Tiglat-pileser I, se produjo una hambruna tan severa que] la gente se comía la carne de los demás; [. . .] las 'casas' arameas saquearon [la tierra], se apoderaron de los caminos y conquistaron y tomaron [muchas ciudades fortificadas] de Asiria. [El pueblo de Asiria huyó] a las montañas de Habriuri [para salvar sus] vidas. [Los arameos] tomaron sus [¿casas?], su dinero y sus bienes.

El texto de la crónica utiliza el espectro del canibalismo para indicar que la escasez de alimentos era tan grave que el orden social se derrumbó. La misma imagen se utiliza en otros lugares, por ejemplo en las inscripciones del rey Aššurbanipal en los relatos sobre las consecuencias de la insurrección babilónica dirigida por su hermano Šamaš-šumu-ukin del 652 al 648 a.C. Sin embargo, la hambruna de 1082 a.C. no se produjo en Asiria, sino en otro lugar, lo que desencadenó una invasión aramea que no fue una simple incursión en busca de alimentos, sino un esfuerzo por reclamar tierras. El escenario concreto de los hechos registrados en la crónica fue el valle del Alto Zab, ya que la región de Habriuri puede identificarse con la altiplanicie de Herir, al este de Arbela, en los flancos occidentales de los Zagros. Fue aquí donde los asirios huyeron de los invasores arameos, ya que su ubicación montañosa prometía seguridad, así como unas condiciones económicas relativamente estables. Pero posteriormente, Habriuri también se perdió bajo control asirio. A mediados del siglo X, el rey Aššur-dan II se esforzó por recuperar la región y saqueó varios asentamientos de la zona, tal y como se recoge en sus inscripciones. También,

> Traje de vuelta al [pueblo] exhausto de Asiria que había abandonado [sus ciudades y casas a causa de] la miseria, el hambre y la hambruna y [había subido] a otras tierras. [Los instalé en ciudades y casas [adecuadas] y habitaron en paz.

El control asirio de Habriuri se impuso definitivamente cuando Ašurnasirpal II estableció allí una provincia asiria en 883 a.C.

Acontecimientos similares tuvieron lugar en otros lugares del reino al principio y al final del periodo de sequía.

Un documento jurídico privado de Dunnu-ša-Uzibi (actual Giricano, cerca de Diyarbakir, en el sudeste de Turquía) data del año 1069 o 1068 a.C. y pone de manifiesto el debilitamiento del control asirio en la región del Tigris superior en un momento en que los arameos estaban atacando la zona según una inscripción real del rey Aššur-bel-kala. Según el documento legal, un hombre había establecido una sociedad comercial para financiar un viaje de negocios. Una cláusula única, desconocida en cualquier otro contrato, protegía la inversión de su socio en caso de que éste «huyera a las montañas»: el socio podría entonces reclamar la siguiente cosecha de su hacienda. Una vez más, sólo Ašurnasirpal II pudo recuperar la región para Asiria en 882. Reubicó a la población en los asentamientos que habían sido abandonados unas generaciones antes por las tierras altas de Šubria, la región montañosa al norte del valle del Tigris superior, bastante similar en carácter a Habriuri. Utilizando el mismo lenguaje que su bisabuelo Aššur-dan II para los asirios de Habriuri, su inscripción reza:

> Traje de vuelta al pueblo agotado de Asiria que había subido a otras tierras, a las montañas de Šubria, a causa del hambre y la hambruna, y los asenté en la ciudad de Tušhan.

De estas fuentes se deduce que los territorios asirios del Alto Zab y del Alto Tigris, así como los del Jabur y el Éufrates, se perdieron para el reino. No se debió a que las condiciones más áridas hicieran fracasar allí la agricultura a gran escala, sino que estas tierras bajas, económicamente relativamente estables, atrajeron a clanes arameos hambrientos, llamados «casas» y típicamente bautizados con el nombre de un padre fundador, como Bit-Aduni, «Casa de Aduni».

Anteriormente, los arameos se habían asentado en regiones más marginales, como Jebel Bishri, en Siria central, donde la agricultura había sido posible durante el periodo más frío y húmedo comprendido entre c.1500 y 1200 a.C. Ahora, buscaban territorios con una base económica más segura y se asentaban allí, convirtiéndose cada «casa» en un pequeño estado regional. La población asiria local se vio obligada a trasladarse a altitudes más elevadas. Queda por discutir hasta qué punto les interesaba «volver a casa», al reino, a partir de mediados del siglo x. Pero desde el punto de vista de la cultura, los asirios se vieron obligados a emigrar. Pero desde el punto de vista del gobierno asirio, la necesidad de rescatar a estas poblaciones de enclave, descritas habitualmente como «exhaustas», proporcionó una razón de peso para iniciar una guerra de liberación contra las casas arameas que entretanto se habían establecido como pequeños estados regionales.

UN EMBAJADOR IMPOPULAR, C.710 A.C.

A finales del siglo VIII, el Imperio asirio controlaba regiones organizadas en unas sesenta y cinco provincias, dirigidas por gobernadores nombrados por el rey. En las regiones que aceptaban la autoridad asiria pero seguían siendo Estados clientes bajo el control de los gobiernos locales, los embajadores («hombres de confianza» en asirio) representaban los intereses del imperio. Al igual que los gobernadores, se comunicaban habitualmente con el rey a través de cartas y enviados.

Uno de estos estados clientes fue Kumme. Al igual que muchas ciudades a las que se permitió mantener su independencia nominal, este pequeño reino montañoso ocupaba una ubicación que impedía el control asirio directo. Mientras que los estados fenicios de Tiro y Arwad estaban protegidos por su situación insular frente a la costa mediterránea, Kumme estaba situada al norte de la frontera entre Irak y Turquía, en la cuenca alta del Jabur Menor, en la región de la actual Beytüşşebap. Kumme era una antigua ciudad-estado con un templo dedicado al dios de la tormenta. Beytüşşebap posee un manantial de aguas termales de las que se dice que curan diversas dolencias, y el manantial por sí solo habría recomendado el lugar como santuario importante. Además, el espectacular paisaje montañoso fue escenario de mitos sobre las batallas del dios de la tormenta contra enemigos como el monstruo de roca Ullikummi; las avalanchas y corrimientos de tierra que se producen con frecuencia en la región se consideraban una manifestación del poder del dios. Desde principios del segundo milenio a.C., su santuario había atraído el patrocinio de reyes de lugares tan lejanos como Mari (Siria), Hattuša (Anatolia Central) y Asiria; el rey Adad-nerari II sacrificó en el santuario en 895. En 879, delegados de Kumme celebraron la inauguración del centro imperial de Kalhu como invitados de Aššurnasirpal II.

Después de que Tiglat-pileser III conquistara el cercano reino de Ullubu en 739 a.C., el territorio de Kumme lindaba directamente con la recién establecida provincia asiria de Birtu. Pero al principio el imperio no hizo ningún intento de incorporar el pequeño estado. La correspondencia de Sargón II nos proporciona mucha información sobre la relación entre Asiria y su estado cliente, que permaneció bajo el control de su gobernante nativo. En aquella época (c.710 a.C.) Ariye era el señor de la ciudad de Kumme. Estaba vinculado al imperio por un tratado y, a cambio de la protección de Asiria, debía aceptar ciertas obligaciones: suministrar mano de obra, caballos y madera, y proporcionar información sobre la región. Para ello, Kumme gozaba de una posición excelente, ya que estaba situada en la ruta montañosa directa, aunque difícil, que conducía desde el corazón de Asiria hasta el centro de Urartu, en el lago Van, al este de Turquía. A pesar de sus vínculos con Asiria, Kumme mantenía estrechas relaciones con Urartu, proporcionándole incluso hombres e información. Esto no ocurría a espaldas de Asiria, sino con su aliento y apoyo, ya que se consideraba una buena forma de acceder a información de inteligencia sobre el archienemigo.

Una estrategia clave para asegurar la lealtad de Kumme a Asiria fue la presencia permanente de un embajador en la corte de Ariye. Este cargo fue ocupado por Aššur-reṣuwa, cuyas cartas a Sargón constituyen el expediente más extenso que se conserva de cualquier embajador asirio. Sus mensajes describen con frecuencia asuntos rutinarios como el transporte de madera. Pero también se refieren al espionaje y contraespionaje asirio-urariano, cuya lectura resulta apasionante incluso milenios después de los hechos. Lo más emocionante, tal vez, es conocer la revelación de última hora de un plan urartio para secuestrar a varios gobernadores asirios del territorio de Kumme. El príncipe heredero Senaquerib informa a su padre, citando el informe de Ariye sobre su vecino, el gobernante de Ukku, que conspiraba con Urartu:

> El gobernante de Ukku ha escrito al rey de Urartia que los gobernadores del rey de Asiria están construyendo un fuerte en Kumme, y el rey de Urartia ha dado a sus gobernadores la siguiente orden: 'Tomen sus tropas, vayan y capturen vivos a los gobernadores del rey de Asiria de los kummeos, y tráiganmelos'. Aún no tengo todos los detalles; en cuanto tenga más noticias, escribiré por expreso al príncipe heredero para que me traigan las tropas.

Para Kumme, este complot parece haber resultado en un endurecimiento significativo del control asirio. Cuando en algún momento después del 714 a.C. el nuevo rey de Urartu cuestionó la ausencia de delegados kummeos en su corte, la respuesta de Kumme, según la información transmitida a Sargón, fue la siguiente:

> Como somos súbditos de Asiria, un capataz de caballería es nuestro superior. Sólo nos quedan las casas de Kumme;... no podemos poner los pies en ninguna parte.

Kumme estaba ahora firmemente bajo el dominio del ejército asirio. Si bien el señor de la ciudad Ariye y su hijo Arizâ, ambos mencionados en esta carta, parecen haber sido leales a Asiria, no todos en Kumme compartían su celo. Aššur-resuwa, como todos los embajadores en el estado cliente asirio, tenía un acceso ilimitado al gobernante de Kumme e influían abiertamente en sus decisiones. Los privilegios de estos funcionarios se esbozan en uno de los pocos tratados bilaterales asirios que se conservan en el original, el acuerdo de 676 a.C. entre Esarhaddon y el rey de Tiro. Un pasaje fragmentario describe cómo debía interactuar el gobernante cliente con el embajador asirio:

> [Cuando] los ancianos de tu país [se reúnan para tomar] consejo el embajador [debe estar] con ellos... [Si...], no le escuchéis, [no...] sin el embajador. Tampoco debéis abrir una carta que os envíe sin el embajador. Si el embajador está ausente, esperadle y entonces abridla.

No es de extrañar que muchos kummeos percibieran las actividades del embajador Aššur-resuwa como opresivas e invasivas. A su vez, identificó a varias personas como peligrosas para los intereses asirios, escribiendo a su rey:

> Hay cuatro hombres que deben ser expulsados. No deben andar libres en mi presencia mientras yo esté aquí. Están incitando al país.

Aššur-resuwa se hizo tan impopular que los habitantes de Kumme pidieron a Sargón y a otros que lo destituyeran de su cargo, protestando que, aunque era totalmente repugnante, seguían siendo leales al imperio. De ahí que en una carta al rey de otro funcionario,

> Los kummeanos que anteriormente apelaron al rey, mi señor, han regresado y han venido a mí, diciendo: «Kumme en su totalidad no puede soportar al embajador. Pero nosotros podemos y asumiremos la responsabilidad (ante el imperio)».

Otra carta, sin embargo, revela que el prestigio del señor de la ciudad se había visto afectado por el odio hacia el embajador asirio:

> Ahora bien, Kumme en su totalidad se ha vuelto contra Ariye; [...] y hablan de matar [al embajador].

Se desconoce cómo acabó esta situación concreta para el embajador Aššur- resuwa personalmente. Pero crucialmente, un gobernante que era cliente y había perdido su capacidad para dirigir su país no valía nada para el imperio.

Las fuentes disponibles no revelan si estos sentimientos dieron paso a un intento de derrocar a Ariye, pero sucesos similares ocurrieron repetidamente en los estados clientes. Una y otra vez, sus propios súbditos derrocaban a los gobernantes proasirios y en su lugar apoyaban a otros pretendientes que no aceptaban la supremacía de Asiria. Esto solía conducir a una rápida intervención asiria y, con bastante frecuencia, a la anexión del Estado en cuestión. La acción contra quienes representaban a Asiria, ya fueran embajadores o gobernantes nativos, se planeara o se llevara a cabo, bastaba para poner fin a la independencia de Kummea, y ni siquiera el aprecio asirio por el famoso templo del dios-tormenta lo habría cambiado. La ciudad-estado desaparece de las fuentes y podemos suponer que el diminuto reino montañoso pasó a formar parte de la provincia asiria de Birtu. El mantenimiento de un cordón de estados tapón contra Urartu era ventajoso para el Imperio asirio, pero si los mecanismos de control indirecto no se respetaban en los estados clientes, la siguiente mejor solución era simplemente suprimir por completo el gobierno local.

RIVALIDAD ENTRE HERMANOS: ŠAMAŠ-ŠUMU-UKIN, REY DE BABILONIA, 648 A.C.

En 672 Ašurbanipal fue elevado al rango de príncipe heredero de Asiria y, al mismo tiempo, su hermano mayor Šamaš-šumu-ukin fue declarado príncipe heredero de Babilonia. Su padre, Esarhaddón, gobernaba como rey de Asiria y Babilonia, pero quería que el territorio meridional se gobernara por separado. Como puso en una inscripción:

> Entregué a Šamaš-šumu-ukin, mi hijo y vástago, como regalo al dios Marduk y a la diosa Zarpanitu.

Todo el imperio debía jurar respetar y honrar la decisión del rey de nombrar sucesores a sus hijos Aššurbanipal y

Šamaš-šumu-ukin, y los gobernadores y gobernantes clientes debían prestar juramento en nombre de sus súbditos. El texto del tratado de lealtad se inscribía en grandes tablillas de arcilla que se sellaban con los tres sellos sagrados del dios Aššur. El primero se creó en el siglo XIX, el segundo en el siglo XIII y el último hacia 700 a.C. Debieron de escribirse y distribuirse unas 200 copias en la época, y se han encontrado 10 manuscritos en Aššur (sólo un fragmento), Kalhu (8 copias) y, más recientemente, Kullania (Tell Tayinat, en la región turca de Hatay), donde un equipo canadiense dirigido por Tim Harrison desenterró en 2008 la copia del gobernador de Kullania en el interior de la cella de un pequeño santuario. Aparentemente se mostró allí como un icono divino, siguiendo las instrucciones del tratado:

> Custodiarás esta tabla del pacto que está sellada con el sello del dios Aššur, rey de los dioses, y la pondrás en tu presencia, como tu propio dios.

Las nuevas disposiciones sucesorias de Esarhaddon se difundieron por todo el imperio, también expresadas por medios visuales. Las estelas reales asirias suelen mostrar sólo al rey. Pero Esarhaddon hizo erigir estelas en Sam'al (Zinjirli, también situada en el Hatay; véase la figura 8) y Til-Barsip (Tell Ahmar, en Siria) que lo representan a él mismo en el anverso y, a menor escala, a los dos príncipes herederos en los lados izquierdo y derecho de la estela. Šamaš-šumu-ukin aparece ataviado con las tradicionales vestiduras reales babilónicas. También la imagen mostrada en el sello real se adaptó para ajustarse a la nueva situación y favorecer los acuerdos sucesorios. Mientras que la representación tradicional mostraba al rey matando a un león, el diseño actualizado repetía este tema tres veces (figura 10). Todo esto transmite

10. Impresión de un sello con tres representaciones del rey luchando contra un león rampante, emblema de la realeza asiria. Procedente de Nínive.

que Esarhaddón y los príncipes debían gobernar el imperio conjuntamente, y las cartas contemporáneas muestran de hecho a ambos príncipes implicados en asuntos de importancia política y cultual.

Cuando Esarhaddón murió en 669, Asurbanipal ascendió al trono asirio y Šamaš-šumu-ukin se convirtió en rey de Babilonia, como estaba previsto. Pero su relación se deterioró rápidamente, ya que el rey asirio se consideraba el señor supremo y su hermano un mero gobernante cliente. Una serie de funcionarios babilonios dependían directamente de Asurbanipal, que también controlaba los asuntos exteriores de Babilonia; tampoco había un ejército separado. En algún momento, Asurbanipal llegó a afirmar públicamente que había sido él quien había instalado al rey de Babilonia. Šamaš-šumu-ukin hizo un intento de liberarse del abrazo de hermano e imperio en 652. No sabemos qué le impulsó a ello. ¿Se había vuelto nativo tras casi dos décadas en el sur? Pero está claro que no todos en Babilonia apoyaron esta apuesta por independencia. El país estaba profundamente dividido entre los leales asirios y una facción babilónica que, de forma un tanto perversa, siguió a una asiria. El reino iranio de Elam y los líderes de las tribus arameas del sur apoyaron a Šamaš-šumu-ukin y le proporcionaron la ayuda militar que tanto necesitaba. A su vez, Asurbanipal envió su ejército al sur.

Siguieron cuatro años de sangrienta guerra, documentada en varias cartas de la correspondencia estatal asiria, así como en las inscripciones de Asurbanipal. El conflicto desestabilizó enormemente Babilonia y provocó graves hambrunas, especialmente en las ciudades sitiadas. La gente se vio obligada a abandonar a sus hijos, vendiéndolos por muy poco dinero en un momento en que los precios de los alimentos estaban por las nubes. Los textos legales incluyen cláusulas que hacen referencia específica a esto para proteger al comprador de futuras reclamaciones. Finalmente, el bando asirio salió victorioso, pero con un gran coste para Babilonia y para todo el imperio. La rebelión de Šamaš-šumu-ukin había dañado gravemente la credibilidad de la soberanía imperial asiria; otros estados clientes se atrevieron a tentar a la suerte y algunos, como Egipto, se escaparon del dominio del imperio.

Aššurbanipal y Šamaš-šumu-ukin tenían una hermana mayor, Šerua-etirat, que había ocupado una posición destacada en la corte de su padre, como se documenta en varias cartas. Intentó mediar en el conflicto entre sus hermanos reales. Esto no se sabe por fuentes contemporáneas, sino por una composición literaria posterior sobre el conflicto, registrada en lengua aramea y escritura demótica en un papiro egipcio del siglo IV a.C. En esta historia, Šerua-etirat aparece firmemente en el bando de Aššurbanipal. Suplica a Šamaš-šumu-ukin que se reconcilie con el hermano, pero no consigue convencerlo. Entonces le sugiere que se suicide junto con sus hijos y, curiosamente, sus eruditos, a quienes culpa de su sinrazón. Después de todo, le habían llenado la cabeza con ideas sobre la realeza babilónica que eran directamente responsables de la crisis actual. Dice Šerua-etirat en la historia:

> Si no escucháis mis palabras y si no prestáis atención a mi discurso, abandonad la casa de (dios) Bel, marchaos de la casa de (dios) Marduk. Que se construya para ti una casa de [...] construye una casa de [...]. Arrojad alquitrán y brea y perfumes aromáticos. Traed a vuestros hijos e hijas y a vuestros eruditos que os han hecho arrogantes. Cuando veáis lo (bajo) que se han hundido en detrimento vuestro, que el fuego queme vuestra grasa con (la de) vuestros hijos e hijas y vuestros eruditos que os han hecho arrogantes.

La sugerencia de Šerua-etirat de que su hermano construyera una pira funeraria y luego se quemara a sí mismo, a sus hijos y a los eruditos puede relacionarse con la muerte en un incendio de Šamaš-šumu-ukin, según consta en las inscripciones de Aššurbanipal.

Este relato, denominado hoy Historia de dos hermanos, es una de las varias composiciones arameas que valoran la vida palaciega asiria del siglo VII. El Cuento del sabio Ahiqar es otro ejemplo. Se conoce por un papiro del siglo V a.C. hallado en Elefantina, en el sur de Egipto, y trata de un erudito al servicio de Senaquerib y Esarhaddon. Ambos relatos se basan en hechos históricos y contienen información privilegiada, lo que sugiere que se originaron en el entorno palaciego. El hecho de que este tipo de literatura se compusiera en arameo pone de manifiesto lo extendido y utilizado que estaba este idioma incluso en la corte. El hecho de que estas historias se sigan transmitiendo siglos después, y en Egipto, demuestra la fascinación duradera de la cosmopolita cultura de la corte imperial asiria.

Capítulo 5

EXTRANJEROS EN ASIRIA

Este capítulo examina las interacciones asirias con el resto del mundo centrándose en los extranjeros de la ciudad de Aššury en cómo llegaron allí. Los dos primeros casos exploran los vínculos políticos y culturales asirios con el sur de Mesopotamia en el segundo milenio a.C. El tercer caso muestra la diplomacia asiria en acción cuando un gobernante de Anatolia fue invitado, le gustara o no, a visitar Asur. Los dos últimos casos se centran en los habitantes de la ciudad de Aššurque habían sido trasladados allí por la fuerza desde Irán y sirven para subrayar cómo el núcleo asirio era un entorno cada vez más multicultural y cosmopolita durante su fase imperial.

MODELO A SEGUIR: SAMSI-ADDU, CONQUISTADOR DE AŠŠUR, SIGLO XVIII A.C.

Aunque no era originario de la ciudad, el rey Samsi-Addu gobernó Aššur durante treinta y tres años en el siglo XVIII a.C., habiéndola subyugado en el curso de sus extensas guerras de conquista. Sus victorias fueron tan exitosas que se atribuyó el título de «Rey del Universo». Aunque Aššur era una valiosa adición a su creciente reino, no fijó allí su residencia, sino que nombró a su hijo mayor regente de la ciudad; Išme-Dagan residía en la cercana Ekallate. Sin embargo, la ciudad y su dios eran lo suficientemente importantes para Samsi-Addu como para merecer su especial atención. Reconstruyó el santiario del dios Aššur y añadió al complejo del templo una monumental torre escalonada de tradición mesopotámica meridional. Los restos de sus obras fueron desenterrados durante las excavaciones de Walter Andrae en Asur, en las que también se encontraron copias de la inscripción que celebraba este esfuerzo.

Los reyes asirios Salmanasar I, en el siglo XIII a.C., y Esarhaddón, en el siglo VII, se refirieron a él como Šamši-Adad, la versión asiria de su nombre semítico occidental, al describir la historia de la construcción del templo de Aššurantes de sus propios proyectos de renovación. Al hacerlo, también cumplieron su petición, expresada en la inscripción:

> Cuando el templo se deteriore, que quien de entre los reyes, hijos míos, renueve el templo unja con aceite mis inscripciones de arcilla y piedra, haga sacrificios y las devuelva a su lugar.

Los gobernantes asirios buscaban habitualmente los documentos fundacionales de sus predecesores y los depositaban junto a los suyos. Este es el pasaje pertinente de la inscripción de Esarhaddon del templo de Aššur:

> El templo anterior del dios Aššur, que Ušpia, mi antepasado, regente del dios Aššur, había construido primero, se derrumbó y Erišum (I), hijo de Ilu-šuma, mi antepasado, sacerdote del dios Aššur, lo reconstruyó. Pasaron 126 años y se derrumbó de nuevo, y Šamši-Adad (I), hijo de Ilu-kabkabi, mi antepasado, regente del dios Aššur, lo reconstruyó. Pasaron 434 años y ese templo fue destruido por un incendio, (y) Salmanasar (I), hijo de

> Adad-nerari (I), mi antepasado, regente del dios Aššur, lo reconstruyó. Pasaron 580 años y la cella interior, la residencia del dios Aššur, mi señor, ... se volvió ruinosa, envejecida y anticuada. Yo estaba preocupado, temeroso y vacilante acerca de la renovación de ese templo. En el cuenco del adivino, los dioses Šamaš y Adad me respondieron con un firme "sí" y tenían (su respuesta) sobre la reconstrucción de ese templo y la renovación de su capilla escrita en un hígado.

El último pasaje se refiere a los sacrificios adivinatorios (véase el capítulo 3) para confirmar que los dioses apoyaban el proyecto de construcción.

En la inscripción de Samsi-Addu para el templo de Asur, el dios se llama Enlil, como el gran dios del sur de Mesopotamia. Al parecer, Aššur no era más que una faceta de esa deidad, como cuyo protegido se describía Samsi-Addu aquí y en otros lugares. Šubat-Enlil 'Sede de Enlil' fue el nombre que el rey dio a la capital que creó para su recién forjado reino en Tell Leilan, en la región del Triángulo de Khabur, al noreste de Siria. En sus propias palabras de la inscripción del templo de Aššur, fue él "quien combinó la tierra entre el Tigris y el Éufrates". El siglo XVIII a.C. fue, en general, un periodo marcado por la formación de grandes entidades políticas transregionales en Oriente Próximo. En esa época, por ejemplo, los gobernantes de Kaneš crearon un estado territorial en Anatolia central que fue la primera encarnación del llamado reino hitita. El cambio en la situación geopolítica fue una mala noticia para las empresas mercantiles de Asur, ya que los costes adicionales impuestos por los nuevos y poderosos estados redujeron drásticamente sus márgenes de beneficio. Finalmente, abandonaron sus colonias comerciales en Anatolia.

Hacia el final de su largo reinado, Samsi-Addu expandió su poder más allá del Tigris hasta los flancos occidentales de los montes Zagros y conquistó regiones que más tarde constituirían el corazón de Asiria. La extensión de su reino anticipaba, por tanto, las fronteras del reino de Asiria en el siglo XIII a.C.

Pero fue una creación efímera que no sobrevivió a su creador y se desintegró rápidamente tras su muerte. La ciudad de Aššur permaneció bajo la autoridad de su hijo Išme-Dagan, pero éste tuvo que recurrir a aliados en el sur para su supervivencia política e incluso huyó tres veces a la ciudad de Babilonia. Poco después de su muerte, Aššurvolvió al gobierno local.

Mientras que los gobernantes posteriores del reino de Asiria se refieren habitualmente a Samsi-Addu como su antepasado, los sucesores inmediatos de su dinastía de corta vida no estuvo de acuerdo. Así leemos en una inscripción de Puzur-Sin:

> Por orden del dios Aššur, mi señor, destruí aquella cosa impropia en la que había trabajado: la muralla y el palacio de Šamši-Adad, su abuelo-una plaga extranjera, no de la carne de la ciudad de Aššur, que había destruido los santuarios de la ciudad de Aššur.

Antes, en la inscripción, se identifica al nieto:

> Cuando yo, Puzur-Sin, regente del dios Aššur, hijo de Aššur-bel-šamê, destruí el mal de Asinum, vástago de Šamši-[Adad], ... y reinstituí el gobierno apropiado para la ciudad de Aššur.

El texto crea una oposición entre el bien y el mal, entre lo asirio y lo extranjero, entre las fortificaciones y el palacio de

Samsi-Addu y los templos de la ciudad. El conquistador, sus herederos y lo que habían creado son rechazados de plano.

Samsi-Addu era de hecho un extranjero cuyo gobierno sobre Aššur no era un derecho de nacimiento sino el premio de la conquista. Su estrecha relación con el dios Enlil sugiere su origen meridional. Además, la lista de sus antepasados se corresponde con la genealogía de otro gobernante que se forjó un gran reino mediante la conquista. Hammurabi, rey de Babilonia, es hoy más conocido por la estela monumental cuya inscripción incluye una larga lista de sentencias legales para demostrar que era el "Rey de la Justicia": el llamado Código de Hammurabi. Es probable que Samsi-Addu y él pertenecieran al mismo clan. Así pues, las raíces del conquistador de Aššur se buscan hoy en la región de la actual Bagdad, donde el Diyala desemboca en el Tigris.

A pesar de su origen no asirio, Samsi-Addu ocupó un lugar destacado en la llamada Lista de Reyes Asirios, un documento que registra a los gobernantes de Aššury la duración de sus reinados. No sólo incorporó a Samsi-Addu y a su hijo Išme-Dagan a la lista de gobernantes nativos, sino también a sus antepasados (y a los de Hammurabi), que ni siquiera habían pisado la ciudad. ¿Se trataba de un intento de legitimar el dominio de Samsi-Addu sobre Aššurdifuminando sus orígenes, o el famoso «Rey del Universo» y sus antepasados fueron reivindicados por los gobernantes asirios posteriores como antepasados prestigiosos? Las opiniones modernas están divididas, y mucho depende de cómo se reconstruya la historia editorial de la lista de reyes asirios. Ni el último heredero de Samsi-Addu, Asinum, ni Puzur-Sin, que inauguró un periodo de restauración tras el fin de la dinastía de Samsi-Addu en Aššur, fueron incluidos en la composición. Esto sugiere que el texto fue compilado en una fecha posterior, cuando se consideró de nuevo más oportuno integrar sin problemas a Samsi-Addu en la historia asiria. Sea como fuere, el texto resultante fue sometido posteriormente a actualizaciones periódicas a medida que se iban añadiendo entradas para cada gobernante asirio. El texto se conserva en varios manuscritos, el último de los cuales data de la época de Salmanasar V, a finales del siglo VIII a.C. Es una fuente clave para la reconstrucción de la historia asiria. Es una fuente clave para la reconstrucción de la cronología de todo el antiguo Oriente Próximo.

Como mínimo, en el siglo XIII a.C., cuando el rey Salmanasar I mencionó la renovación del templo de Aššurpor Samsi-Addu en su propio informe de construcción, el conquistador era considerado sin reservas como un gobernante asirio y antepasado directo del rey actual. En aquella época, nadie deseaba erradicar el recuerdo o las huellas físicas del dominio de Samsi-Addu sobre Asur. Como anterior señor de un vasto reino, el ilustre predecesor servía ahora de modelo para los reyes de Asiria y, para señalarlo, adoptaron sus títulos de «Designado del Dios Enlil» y el programático de «Rey del Universo».

MARDUK-NADIN-AHHE, ESCRIBA REAL DE BABILONIA, HACIA 1328 A.C.

La paz con Babilonia era importante para Aššur-uballit I, el primer rey de Asiria en el siglo XIV a.C. Según los textos de las crónicas babilónicas, se aseguró unas buenas relaciones con el país del sur casando a su hija Muballitat-Šerua con Burnaburiaš II, rey de Babilonia. Su hijo (nieto de Aššur-uballit) heredaría la corona babilónica. Sin embargo, cuando Burnaburiaš murió en 1328 a.C., los babilonios se volvieron contra su nuevo gobernante Karahardaš, lo ejecutaron y lo sustituyeron por Nazibugaš, el «Hijo de Nadie», es decir, una persona no emparentada con la familia real. Se desconoce por qué sucedió esto, pero como el abuelo real del rey asesinado, Aššur-uballit, invadió inmediatamente Babilonia, puede que fueran precisamente las conexiones asirias de Karahardaš la causa de su impopularidad. El ejército asirio no tardó en acabar con el usurpador, que fue asesinado. Aššur-uballit reclamó el trono para Kurigalzu II, otro de sus nietos.

La lealtad de los babilonios debía de estar dividida entre los rebeldes que apoyaban a Nazibugaš y los partidarios de la casa real legítima. Un hombre que pudo haber quedado atrapado en el conflicto fue el escriba Marduk-nadin-ahhe, miembro de una distinguida familia que había servido a los gobernantes babilonios durante varias generaciones en altos cargos administrativos y académicos. Este hombre optó por abandonar Babilonia y encontró un nuevo hogar en la capital asiria de Aššur, donde asumió el distinguido cargo de escriba real de Aššur-uballit. Este cargo parece corresponderse con el título posterior de Maestro Erudito (véase el capítulo 3) y es de suponer que el titular cumplía funciones similares para con su mecenas real, componiendo inscripciones reales y otros textos oficiales, asesorando al monarca en cuestiones eruditas e incluso enseñando a los miembros de la familia real conocimientos de escribanía. Marduk-nadin-ahhe es el primer escriba real atestiguado en la corte asiria y es de suponer que el cargo se creara en esa época. La misión de Aššur-uballit era confirmar su reino de Asiria, hasta hacía poco subordinado a Mittani, como un gran reino. Establecer un papel muy visible para un consejero erudito del rey encaja muy bien con este objetivo, especialmente si el recién nombrado escriba real descendía de una familia cuyos miembros habían servido de esta manera a la corona babilónica.

Lo que sabemos de Marduk-nadin-ahhe procede de una inscripción que compuso con motivo de la mudanza a su nueva casa en Aššur. El texto, del que sólo se conoce una copia posterior, concluye con un llamamiento al dios Marduk, señor de Babilonia, para el que se había erigido un santuario en el populoso barrio de los templos de Aššur durante el reinado de Asur-uballit:

> Que el dios Marduk, mi señor, inspeccione esa casa y me la conceda por mis problemas. Que permita (que) perdure en el futuro para mis hijos, mis nietos, mi descendencia y la descendencia de mi descendencia, para que nosotros, yo y mi familia, podamos venerar a Marduk, mi señor, y a Zarpanitu, mi señora, para siempre, y tal vez, por mandato de Marduk, alguien pueda enderezar a mis [parientes] y clan ancestral que han abrazado la traición. Que [Marduk], mi señor, conceda a Aššur-uballit, que me ama, rey del universo, mi señor, largos días con abundante prosperidad.

De las inusuales referencias a sus problemas y a los traicioneros miembros de su familia se desprende claramente que Marduk-nadin-ahhe se había visto envuelto en conflictos en Babilonia antes de encontrar un nuevo hogar bajo su protector y benefactor Aššur-uballit en Aššur, donde esperaba establecerse permanentemente con su familia. Está claro que no pensaba que ni él ni sus descendientes regresarían jamás a su Babilonia natal.

El exiliado construyó su casa desde cero junto al santuario de Marduk, seguramente con la bendición real, ya que el espacio vital en la apretada ciudad de Aššurera escaso y construir una nueva casa en el barrio del templo habría exigido derribar los edificios existentes. El Directorio Divino de Aššur (véase el capítulo 2) parece sugerir que el santuario de Marduk formaba parte del complejo del templo de Aššur, lo que significaría que la casa de Marduk-nadin-ahhe, «erigida a la sombra del templo de Marduk», se construyó muy cerca o incluso dentro de él. Esto implicaría una función sacerdotal para el babilonio, muy probablemente al servicio del culto de Marduk y su consorte Zarpanitu.

Independientemente de su ubicación, con dos alas, una accesible al público y otra privada con una tumba subterránea bajo la habitación que se encontraba en lo más profundo, la casa se ajusta a las normas típicas de una residencia de élite en Aššur, e incluso tenía su propio pozo. La primera parte de la inscripción reza:

> Yo, Marduk-nadin-ahhe, escriba real, hijo de Marduk-uballit, hijo de Uššur-ana-Marduk, bendecido por dios y por el rey, el humilde, el obediente, el que agrada a su señor, me instalé de manera distinguida en la casa que había erigido a la sombra del templo de Marduk, dentro de la cual había abierto un pozo de agua fría, que había delimitado con estacas gracias a la excelsa sabiduría del dios Marduk, mi señor. Yo había hecho las habitaciones de ladrillo quemado bajo ella, que nadie conoce, con sabio entendimiento y el mayor cuidado. Construí y completé toda la casa, sus salas de recepción y sus dependencias residenciales. No permitiré que los imbéciles tomen posesión (de ella).

¿Delata la última frase el chovinismo de esta lumbrera babilónica contra sus vecinos asirios?

REHENES REALES Y UN TURISTA ACCIDENTAL EN AŠŠUR, 1112 A.C.

En el primer ejemplo de un nuevo tipo de inscripción que estructuraba la narración en orden cronológico (de ahí lo de «Anales asirios») y ofrecía un resumen de las hazañas del rey en cada año de su reinado hasta el momento en que se compuso el texto, Tiglat-pileser I detalla cómo dirigió una fuerza expedicionaria en las profundidades de Anatolia en 1112 a.C. En la llanura de Manzikert, al norte del lago Van, más conocida como el campo de batalla donde el sultán selyúcida Alp Arslan aniquiló al ejército bizantino en 1071, el rey asirio también celebró un triunfo. Allí derrotó a una alianza de veintitrés gobernantes locales. Su relato de la batalla termina con este pasaje:

> Capturé vivos a todos los reyes de Nairi (= Anatolia). Me apiadé de ellos y les perdoné la vida. Los liberé de sus cadenas y grilletes ante el dios sol, mi señor, y les hice jurar servidumbre eterna por mis grandes dioses. Tomé a sus hijos reales como rehenes. Les impuse un tributo de 1.200 caballos y 2.000 reses. Les permití regresar a sus tierras.

Los gobernantes derrotados tuvieron que aceptar la soberanía asiria y concluyeron un tratado con su nuevo señor. Un juramento y la colocación de sus hijos como rehenes protegían el acuerdo, que estipulaba la entrega regular de ganado y caballos, urgentemente necesarios en Asiria para los carros y, en épocas posteriores, a partir del siglo IX, para la caballería (véase el capítulo 6). Los rehenes anatolios debían ser criados en la corte real de Asiria, donde su presencia cumplía una doble función. Mientras estuvieran en Asiria, debían garantizar con sus vidas la lealtad de sus familias y de sus países. Y cuando regresaban a su tierra natal, idealmente como gobernantes o en otra posición influyente, el tiempo que pasaban en la corte asiria los ponía en sintonía con la sensibilidad asiria y les aseguraba una conducta fiable en su país.

Esto está especialmente bien atestiguado a principios del siglo VII a.C., cuando varios antiguos rehenes volvieron a gobernar su país natal de acuerdo con los deseos de Asiria: Bel-ibni, a quien Senaquerib nombró rey de Babilonia en 703 a.C., «había crecido como un cachorro en mi palacio» (o, dado el momento, más bien en el palacio de su padre Sargón), mientras que Tabua, a quien Esarhaddon hizo reina de los árabes, «se crio en el palacio de mi padre (Senaquerib)», según las inscripciones reales. Estos rehenes reales eran niños cuando fueron enviados a la corte asiria, una ventaja obvia para el objetivo de adoctrinamiento proasirio. Pero la distinción entre rehén y protegido podía ser algo borrosa. En ocasiones, las dinastías extranjeras veían en la corte asiria un refugio seguro para sus hijos, especialmente en tiempos de agitación en su país. Balassu, líder de la tribu babilónica meridional de Bit-Dakkuri, por ejemplo, envió a su hijo y a su hija a Sargón II para que los protegiera cuando su enemigo Merodach-baladan, de la tribu rival de Bit-Yakin, se proclamó rey de Babilonia.

La inscripción de Tiglath-pileser I sobre la campaña de Anatolia continuó:

> Traje a Seni, rey de Daienu, que no había sido sumiso al dios Aššur, mi señor, en cadenas y grilletes a mi ciudad Aššur. Me apiadé de él y le permití salir con vida de mi ciudad Aššur para proclamar la gloria de los grandes dioses.

Al parecer, uno de los reyes de Anatolia necesitaba una lección especial. A diferencia de sus veintidós aliados, fue conducido a Asur. ¿Significa la referencia a su falta de sumisión que se negó a prestar el juramento de lealtad y que, por tanto, fue castigado? ¿O esta clasificación se habría aplicado igualmente a todos los demás gobernantes de Anatolia y la visita a la capital asiria fue una distinción especial? Sea como fuere, después de su estancia en Asur, Seni fue enviado de vuelta a casa. Allí debía cantar alabanzas a los dioses y, presumiblemente, a Asiria y a su rey, de cuyo poder una visita a la capital le habría dado a Seni una idea bastante aproximada.

Estas visitas al centro de Asiria eran una experiencia típica para los gobernantes que habían aceptado la soberanía asiria. La imaginería de los palacios reales a partir de Ašurnasirpal II se diseñó específicamente para causarles impacto. Escenas caóticas de conquista y rendición, por un lado, y escenas ordenadas de audiencias reales y entrega de tributos, por otro, mostraban los dos modos de interacción con el poder asirio, y era este último el que debía atraer a los visitantes extranjeros.

UNA FAMILIA IRANÍ EN AŠŠUR, 715-614 A.C.

Ya hemos visto en el capítulo 3 a miembros de la importante comunidad egipcia que vivía en Aššur, reubicada allí tras la conquista asiria de Menfis en 671 a.C. No eran los primeros extranjeros de fuera del mundo de habla semítica de Mesopotamia y Siro-Palestina que se asentaban en la antigua ciudad. No fueron los primeros extranjeros de fuera del mundo de habla semítica de Mesopotamia y Siro-Palestina que se asentaron en la antigua ciudad.

Cuarenta años antes, tras la creación de dos provincias asirias en la región de la actual Hamadán, al oeste de Irán, los habitantes de estos territorios medos habían sido trasladados 500 kilómetros al oeste, a través de los montes Zagros, hasta Aššur, en el año 715 a.C.

La situación inicial en las provincias de Harhar y Kišessim, que Sargón II había establecido en 716, era peligrosamente inestable, como ilustra la correspondencia del rey con sus gobernadores y vasallos de la zona. La administración asiria luchó contra las inclemencias del tiempo, que ralentizaron el establecimiento de las infraestructuras necesarias, y la nieve en los Zagros aisló a las nuevas provincias del corazón asirio durante parte del año. Ya en 715, las nuevas provincias se rebelaron contra el incipiente gobierno asirio y el ejército imperial regresó. La intervención fue muy sangrienta y, según las inscripciones de Sargón II, 4.000 guerreros enemigos fueron decapitados. Otras 4.820 personas fueron seleccionadas para ser reubicadas (véase el capítulo 6), lo que llevó a algunas de ellas a la ciudad de Aššur.

Una familia de Hundir, en el interior de Kišessim, se mudó a unas casas situadas en la puerta monumental que da acceso a la parte noroeste de Aššur, erigida en este incómodo lugar porque cada vez era más difícil encontrar un alojamiento adecuado en la apretada ciudad. Walter Andrae excavó estos edificios en 1906 mientras investigaba las fortificaciones de la ciudad. Los encontró bien conservados, ya que la muralla de la ciudad, contra la que se apoyaban, se había derrumbado en algún momento después del 614 a.C. y los había sepultado. Las casas y, sobre todo, los documentos encontrados nos dan una idea del clan iraní que vivía allí. En la década de 620, la familia estaba formada por los miembros de tres generaciones y sus veintiún esclavos, un total de al menos treinta y cinco residentes permanentes. La familia se conoce en detalle gracias a dos documentos legales que registran la división de la herencia dejada por el cabeza de familia Mudammiq-Aššur a sus seis hijos. Se trataba de una familia acomodada repartida en dos casas de gran tamaño. Las plantas bajas ocupaban de 240 m2 y 320 m2 respectivamente, vivían en un estilo considerablemente más grandioso que su contemporáneo, el comerciante de vinos Duri-Aššur (véase el capítulo 3).

Desde la llegada de los medos a Aššur, los hombres de la familia ocuparon cargos en el templo de Aššur (al igual que la mayoría de los notables de la ciudad), pero como su título profesional era «hundureo», por su lugar de origen, no está claro cuál era su ocupación real. Trabajaban con un tipo de tejido que podría ser una especie de alfombra. Si esto es correcto, tal vez introdujeron en Asiria central el arte de anudar a mano alfombras con pelo. La familia también se dedicaba al comercio por tierra, pero a diferencia de la empresa vinícola de Duri-Aššur, en los registros no se menciona el destino de sus caravanas. Como el personal de las caravanas tenía contratos de trabajo de siete a doce meses, que cubrían las dos etapas del viaje, se trataba de viajes de larga distancia. Dados los orígenes de la familia, parece más probable que comerciaran con su patria iraní. Después de todo, los centros medos Harhar y Kišessim habían sido rebautizados por su conquistador Sargón II: Kar-Šarrukin, «Puerto de Sargón», y Kar-Nergal, «Puerto del dios Nergal» (utilizando la denominación convencional para los puestos comerciales; véase el capítulo 2) en reconocimiento a su papel en el comercio por tierra a lo largo de una importante etapa de la Ruta de la Seda.

Sin embargo, el clan iraní, que había llegado a Aššurdos generaciones antes que la comunidad egipcia, sólo utilizaba, al menos en la segunda mitad del siglo VII, nombres asirios que invocaban a divinidades asirias, y en los restos de sus casas no se encontró material iraní reconocible. Aunque estas pruebas parecen sugerir que la familia adoptó el estilo de vida asirio, también está claro que los medos de Aššur conservaron parte de su identidad iraní: mantuvieron su propia ocupación (fuera cual fuera su naturaleza) y también comerciaron con el viejo país.

Las fuentes no nos dicen nada sobre su papel en el asalto medo a Aššur ni sobre su destino tras la conquista en 614. Resulta tentador relacionar el rápido éxito del asedio con el hecho de que los medos vivieran dentro de una de las puertas principales de la ciudad y, por tanto, estuvieran en una posición privilegiada para ayudar a los sitiadores a entrar en la ciudad. Después de todo, no deja de ser sorprendente que los medos triunfaran tan rápidamente cuando el ejército babilonio no había logrado tomar Aššur durante su ataque por sorpresa del año anterior, sobre todo porque las fortificaciones de la ciudad y las reservas de alimentos se habían incrementado en previsión de un nuevo ataque.

DOS PRISIONERAS DE GUERRA VENDIDAS COMO ESCLAVAS, C.645 A.C.

Hasta ahora nos hemos encontrado con un gran número de esclavos que estaban omnipresentes en todas las ciudades del Imperio asirio. En la sociedad asiria, poseer esclavos era un indicio de riqueza y estatus social, y los propietarios de esclavos solían pertenecer a la élite urbana. En esta sección nos centraremos en dos de ellas, madre e hija, y veremos cómo llegaron a vivir en Aššur como esclavas. Como muchos esclavos asirios, eran de origen extranjero. Pero los asirios nativos libres también podían ser vendidos como esclavos como último recurso en lugar de pagar una deuda; podían ser liberados si pagaban, o si alguien lo hacía en su nombre. La mayoría de los esclavos que encontramos en las fuentes servían como personal doméstico y vivían en casa de su dueño. El hijo de una esclava nacía esclavo, independientemente de quién fuera el padre. A menudo, éste habrá sido el propietario. Éste podía adoptar al niño si quería reconocer su descendencia, y sólo en ese caso el niño habría tenido derecho a heredar. Esto ocurría raramente, normalmente si no había hijos legítimos, y era necesario el consentimiento de la esposa, como indican las estipulaciones de los contratos matrimoniales.

Entre los años 664 y 648 a.C., las fuerzas asirias invadieron y saquearon repetidamente el reino suroccidental iraní de Elam. Tras un breve periodo de paz bajo Esarhaddon, los dos estados se encontraban en un estado de guerra durante gran parte de los primeros años del reinado de Asurbanipal, documentado en inscripciones reales, en la decoración de las paredes de sus palacios en Nínive y en cartas de la correspondencia estatal. Un texto legal privado de Aššur documenta el destino de una mujer y su hija, atrapadas en las guerras y llevadas de Elam como cautivas. En el documento que registra su venta (por una mina (unos 500 gramos) de plata, precio medio a mediados del siglo VII), se las describe como «botín de Elam que el rey había entregado a Libbali (es decir, la ciudad de Aššur)». Las representaciones de la decoración mural palaciega muestran con frecuencia cómo, tras la batalla, los administradores registraban y distribuían el botín, incluidos los cautivos humanos. El caso de las dos cautivas elamitas es un raro ejemplo que pone de relieve los efectos de la guerra en las mujeres.

La fecha del contrato de venta se ha perdido, pero su contexto sugiere que Nanaya-ila'i y su hijo fueron raptados durante el saqueo de Susa en 646 a.C., cuando se capturaron enormes cantidades de botín. Cuando llegaron a Aššur como parte del contingente de botín reservado para esa ciudad, nuestro texto documenta que diez hombres los poseían conjuntamente y los vendieron a un solo hombre, Mannu-ki-Aššur. Los vendedores, identificados por nombre y profesión, eran un grupo de diversos artesanos del templo, entre ellos un panadero, un cocinero, un tejedor, un orfebre, un herrero y un pastor. Aunque, por supuesto, todos servían al templo de Aššur, por lo demás tenían poco en común. Sin embargo, como había diez y, dado que una conexión militar los vincula a los cautivos elamitas, podemos suponer que constituían una unidad de trabajo (kisru, literalmente «nudo») que cumplía con sus obligaciones laborales al Estado, incluido el servicio militar, como grupo. Como parte del contingente de Asur, es posible que participaran en una campaña militar contra Elam (muy probablemente como personal de mantenimiento no combatiente; véase el capítulo 6) y recibieran a los cautivos elamitas como recompensa del botín de batalla reservado para su ciudad. Dado que la propiedad conjunta de los esclavos tenía una utilidad práctica limitada para los hombres, venderlos y dividir las ganancias era la solución obvia, y la venta tuvo lugar tan pronto como los cautivos elamitas llegaron a Aššur.

A partir de entonces, Nanaya-ila'i y su hija pasaron su vida como esclavas domésticas en la casa de Mannu-ki-Aššur. Su destino era muy diferente del de los medos o egipcios que se habían instalado en Asur. Puede que estos últimos tuvieran poco que decir en su traslado, pero una vez allí, se les «contaba entre los asirios» y tenían los mismos derechos y deberes que los demás habitantes libres. No eran esclavos, a diferencia de los despojos de guerra como Nanaya-ila'i y su hija. El nombre de esta mujer significa «La diosa Nanaya es mi deidad». Sin duda, no era su nombre original y Nanaya-ila'i sólo lo recibió una vez cautiva de los asirios. El nombre es una referencia deliberada a la muy publicitada repatriación por parte de Asurbanipal de una antigua estatua de la diosa Nanaya que había sido secuestrada hacía más de un milenio en Elam. No se menciona el nombre de su hija, lo que sugiere que era bastante joven y se consideraba dependiente de su madre. Probablemente tenía más de cuatro años, ya que no se la identifica ni como bebé («De la leche» o «Del pecho») ni como niña pequeña («Separada», refiriéndose al destete del pecho).

Al igual que Nanaya-ila'i fue despojada de su nombre, habrá perdido mucho de lo que constituía su identidad anterior. No sabemos nada de su origen social en Elam. Pero al menos no fue separada de su hijo. Era una práctica habitual en las ventas de esclavos asirios, sobre todo mientras los niños eran pequeños. En este caso concreto, era sensato mantener juntas a madre e hija, ya que habría facilitado la integración de las extranjeras en su nuevo entorno. El elamita es una lengua totalmente ajena a las lenguas semíticas como el asirio y el arameo, que se hablaban mucho en Aššur. Esto hace poco probable que Nanaya-ila'i hubiera sido capaz de comunicarse con fluidez en su nuevo entorno. Dada su corta edad, su hija habría aprendido las lenguas locales con mayor facilidad y habría facilitado también la integración de su madre.

En su nueva vida, los dos elamitas contribuyeron al funcionamiento cotidiano de la casa de su señor Mannu-ki-Aššur. No se sabe nada más de este hombre, pero dado que era de Aššur, probablemente vivía en una casa parecida a la del mercader de vino Duri-Aššur (véase el capítulo 3) o a la de la familia meda ya mencionada. Su familia tenía algunos esclavos, pero los elamitas no formaban parte de una familia numerosa, como la que habitaba la gigantesca mansión de Šulmu-šarri en Dur-Katlimmu (véase el capítulo 3). Nanaya-ila'i y su hija habrían dedicado su tiempo a las tareas domésticas: moler harina, hornear, cocinar y barrer, y es posible que contribuyeran a la prosperidad del hogar hilando lana y tejiendo telas que pudieran venderse con beneficio. Podemos imaginar su existencia como tranquila, un alivio tras el trauma de sus experiencias en tiempos de guerra y su secuestro en el centro de Asiria. Pero a menos que muriera prematuramente (por ejemplo, durante el parto, como ocurría con frecuencia), la hija de Nanaya-ila'i habría sido testigo de otra invasión, la conquista de Aššuren el 614 a.C. Es muy posible que volviera a ser reclamada como botín, esta vez por el ejército medo, que se la habría llevado de vuelta al este de Irán.

Capítulo 6

DOMINACIÓN ASIRIA DEL MUNDO: EL IMPERIO EXPLORADOR

El Imperio asirio, tal y como estaba configurado en el siglo IX a.C., fue el precursor de la sucesión de imperios que dominaron posteriormente el Mediterráneo y Oriente Próximo, incluidos el persa y el romano. Sus innovaciones ideológicas, infraestructurales y organizativas proporcionaron la base y el modelo para los estados sucesores. Ganar un imperio es un reto, pero conseguir que se cohesione es aún mayor, y Asiria afrontó esta tarea con aplomo. Este último capítulo está dedicado a los aspectos clave de la gobernanza y la ideología que contribuyeron a que el Imperio asirio consiguiera controlar sus posesiones durante tres siglos. La guerra ocupa un lugar destacado en fuentes como el arte palaciego asirio, las inscripciones reales y la Biblia, y examinaremos más de cerca el legendario ejército del imperio. La ideología de la realeza absoluta, el innovador servicio postal de larga distancia y el programa de reasentamiento en todo el imperio proporcionaron poderosas herramientas para la cohesión del imperio. La última sección trata de la biblioteca real que los reyes asirios reunieron y mantuvieron desde el siglo XIV a.C. Desde su redescubrimiento a mediados del siglo XIX por el infatigable Henry Austen Layard, ha contribuido en gran medida a nuestro conocimiento de la historia cultural de Asiria. Si el amor por los libros desempeñó algún papel en la creación de la biblioteca, desde luego no fue la única motivación.

LAS «HUESTES DE AŠŠUR», ¿UN ANTIGUO EJÉRCITO AL QUE PREFIERES NO APUNTARTE?

Cuando Asiria emergió como potencia territorial en el siglo XIV a.C., el grueso de sus fuerzas armadas estaba formado por una infantería reclutada entre los campesinos y por un cuerpo de carros dirigido por miembros de las familias dirigentes que luchaban con arco y flecha. El segundo miembro de la tripulación del carro, el conductor, era al parecer un dependiente del luchador. Siempre se le mencionaba en segundo lugar y, a diferencia de los luchadores, que eran tan conocidos que a menudo no necesitaban más calificación en los documentos de archivo, solía identificárseles por su título militar. La caballería de esa época puede considerarse semiprofesional en el sentido de que sus miembros debían dedicar mucho tiempo a ejercitar su destreza. Sin embargo, no está claro si estaban estacionados permanentemente o, como parece más probable, sólo se reunían cuando eran llamados por el rey. Los reclutados entre la población que pagaba impuestos sólo podía prestar servicio militar durante los meses de verano, cuando el calendario agrícola permitía la ausencia de trabajadores del campo. Se organizaban en unidades basadas en el sistema decimal (10, 50, 100), y las estructuras sociales resultantes contrarrestaban la importancia de la familia y eran un recordatorio contundente del impacto del Estado en la vida de cada individuo. Todas las fuerzas armadas estaban estructuradas de este modo.

A mediados del siglo IX a.C. se produjo el cambio definitivo de un ejército dominado por reclutas movilizados temporalmente a otro formado en gran parte por combatientes mantenidos durante todo el año. Salmanasar III estableció ejércitos permanentes estacionados en regiones fronterizas vulnerables. Para ello, también recurrió a combatientes especializados capturados que habían sido absorbidos por el ejército asirio durante un siglo de conquista. Al mismo tiempo, se crearon las primeras unidades de caballería asirias. La integración de combatientes de las regiones derrotadas en las fuerzas permanentes continuó de forma rutinaria y se centró en la caballería y las tropas montadas, es decir, en aquellos combatientes con el entrenamiento más especializado. Una vez que la expansión iniciada bajo Tiglat-pileser III había dado lugar a la duplicación de las antiguas posesiones de Asiria, las fuerzas armadas permanentes eran tan numerosas que la población que pagaba impuestos ya no era necesaria para el servicio militar temporal y se utilizaba sobre todo para fines civiles, como las obras de construcción pública. Al no depender ya del personal ligado al calendario agrícola, ahora era posible realizar campañas también fuera de los meses de verano, lo que permitía llevar a cabo operaciones militares mucho más largas a destinos mucho más lejanos, como Egipto.

El ejército asirio del primer milenio a.C. estaba formado en realidad por muchos ejércitos, denominados poéticamente «Huestes del Dios Aššur» en las inscripciones reales. Los diferentes contingentes pudieron conservar y desarrollar sus propias costumbres e idiosincrasia. En lugar de forjarse en un ejército unificado, sus componentes individuales se encontraron en intensa competencia entre sí por el reconocimiento y el favor reales. El objetivo de esta estrategia era neutralizar el poder desenfrenado de las fuerzas armadas frente al rey y al Estado: una política útil y exitosa que contribuyó significativamente a la estabilidad interna de Asiria y a la longevidad de su dinastía real. Los diferentes cuerpos del ejército estaban estructurados en contingentes más pequeños dirigidos por oficiales, al menos algunos de los cuales eran ascendidos de los rangos ordinarios. La unidad básica de mando contaba con cincuenta hombres. Se puede distinguir entre la «Cohorte Real» que mandaba el propio rey y los ejércitos que ponía bajo la autoridad de otros. Aunque las tropas estaban estacionadas en fuertes establecidos en lugares fronterizos estratégicos, las provincias no tenían guarniciones permanentes y los gobernadores provinciales controlaban las tropas sólo a corto plazo, movilizadas temporalmente o traídas de otros lugares. Un eficaz sistema defensivo concentraba el grueso del ejército permanente en cuatro plazas fronterizas estratégicamente situadas, establecidas durante el reinado de Salmanasar III.

Junto a los contingentes asirios lucharon auxiliares procedentes de las regiones colindantes y de las periferias internas (estepas, desiertos, montañas). Estos eran de gran importancia y en su mayoría asumieron el papel de la infantería que antes habían desempeñado los combatientes conscriptos. El imperio cultivó relaciones duraderas con ciertas unidades auxiliares. Pero la política del momento y la oportunidad también influyeron en el uso de auxiliares. De ahí que las fuerzas reunidas por Senaquerib durante su guerra en Judá en 701 a.C., tal y como se representa en el asedio de Laquis en los muros de su palacio suroccidental en Nínive, incluía contingentes auxiliares de honderos, combatientes de infantería especializados que utilizaban hondas y que eran típicos de esa misma región, como mejor ilustra la historia bíblica de la victoria de David sobre Goliat. En las decoraciones murales del palacio, las tropas auxiliares se distinguen fácilmente de las asirias por su indumentaria. Mientras que estas últimas visten uniformes estandarizados junto con el típico casco cónico, los auxiliares aparecen siempre ataviados con sus ropas específicas. En el arte asirio, la guerra es cosa de adultos: todos los guerreros aparecen como hombres maduros en su plenitud física, con barba poblada (a menos que sean eunucos; véase el capítulo 2) y fuertemente musculados.

En términos de especialización, el ejército imperial se componía de carros, caballería e infantería, dividida en arqueros a distancia y lanceros de combate cuerpo a cuerpo. El término para los lanceros era «portador de escudo y lanza», en referencia al típico escudo y lanza blindados, pero a menudo se abreviaba como «portador de escudo». Estos combatientes se corresponden estrechamente con los hoplitas griegos. El término carro es simplemente la designación del carro, mientras que la caballería

se llama así por el caballo de montar (literalmente, «el que abre los muslos»). Todas estas tropas eran combatientes profesionales. Diversas fuentes textuales sugieren que una proporción de 1:10:200 para carros, caballería e infantería, con esta última dividida 2:1 en arqueros y lanceros, se consideraba un equilibrio ideal. Sin embargo, las fuerzas armadas se reunían en función de objetivos específicos y se enviaba en consecuencia una selección adecuada de tropas. Cuando se desplazaba, el ejército asirio vivía en tiendas dentro de campamentos fortificados que se construían temporalmente. La construcción del campamento era una de las tareas del personal de apoyo no combatiente, algunos reclutados entre los reclutas, que constituía una parte muy importante de las fuerzas armadas. Todas las capitales de provincia disponían de almacenes de alimentos y forraje para uso del ejército. En el extranjero, las tropas y sus animales vivían del forraje, ya que los suministros voluminosos se reducían al mínimo durante los viajes.

Los carros tripulados por arqueros siguieron utilizándose en las fuerzas armadas asirias desde finales del segundo al primer milenio a.C., sin interrupción y con pocos cambios en el equipamiento y el uso táctico. En las llanuras de Mesopotamia y Siria, la velocidad y la maniobrabilidad del carro seguían haciendo de él una excelente arma de ataque. La caballería, en cambio, no se estableció como componente regular del ejército hasta el siglo IX, bajo Salmanasar III. La construcción ligera y frágil de un carro y su falta de suspensión hacían imposible la conducción de este costoso vehículo en paisajes montañosos, ya que el daño resultante en las ruedas lo inmovilizaría por completo. Los carros debían desmontarse para poder ser transportados en tales terrenos, lo que los convertía en un lastre incómodo más que en armas peligrosas. La caballería surgió del intento de desarrollar un carro para terrenos abruptos adecuado para los paisajes escarpados de las regiones del Tauro y el Zagro, escenarios clave de conflictos desde la aparición de Urartu, Mannea y los medos en el siglo IX a.C. Las primeras representaciones de la caballería asiria en la decoración en bronce de las puertas del templo de Salmanasar III en Balawat, cerca de Kalhu, muestran equipos de dos jinetes que operan como lo haría un carro (uno hace de «conductor» y otro de arquero), pero sin las limitaciones del terreno que impone el cuerpo físico del carro.

Las tropas de carros conservaron su valor en las llanuras, pero a mediados del siglo VIII la caballería, más económica y móvil, había sustituido a los carros ligeros en el campo de batalla. Ahora los carros estaban blindados y los tripulaban tres personas: el conductor, el combatiente y el llamado «tercer hombre», que protegía a los demás. En el siglo VII a.C., los carros se seguían manteniendo por centenares, pero ahora estaban aún más blindados, tirados por cuatro caballos y con un cuarto hombre en el equipo del carro, proporcionando protección adicional. Estas construcciones parecidas a tanques eran mucho más altas que los modelos anteriores, con diámetros de rueda cercanos a los dos metros, y se utilizaban para disparar a los arqueros enemigos a corta distancia, cumpliendo, además, con gran eficacia el doble propósito de demostración de fuerza e intimidación.

Las tropas de carros, la caballería y la mayor parte de la infantería luchaban con arco y flecha, utilizando un modelo compuesto tradicional de perfil triangular y una longitud de 110-125 cm. El arco era, por tanto, el arma más importante de las fuerzas asirias, y este hecho debería informar todas las consideraciones sobre sus tácticas en la batalla campal. Sin embargo, la naturaleza sesgada de las fuentes hace que cualquier intento de reconstruir batallas concretas sea intrínsecamente problemático.

La guerra marítima desempeñó un papel relativamente secundario. La primera flota asiria se construyó en 694 y se desplegó en el golfo Pérsico. Barcos construidos por artesanos sirios en Nínive y tripulados por fenicios y «jonios» (probablemente un término general para referirse a los griegos) navegaron por el Tigris hasta Babilonia, luego fueron transportados por tierra hasta un brazo lateral del Éufrates y desde allí navegaron hasta el Golfo Pérsico para lanzar un ataque sorpresa contra la costa de Elam, en Irán. Los barcos eran presumiblemente birremes (galeras con dos cubiertas de remos), como se representa habitualmente en la decoración mural del palacio. En el Mediterráneo, el imperio contaba con la colaboración de sus clientes fenicios, especialmente Tiro. Asiria no mantuvo una armada propia en el Mediterráneo hasta que se anexionó Sidón en 677 y se estableció como puerto asirio, con el nuevo nombre de «Puerto de Esarhaddon». El dominio sobre Sidón se utilizó para proporcionar retaguardia a la invasión terrestre de Egipto.

Por otra parte, la guerra de asedio era una táctica clave de las fuerzas asirias, pero aún más lo era la amenaza de asedio. Sin catapultas (ampliamente utilizadas sólo a partir de principios del siglo IV a.C.) ni cualquier otro tipo de artillería pesada que pudiera desplegarse desde una distancia segura, la

11. Captura de una ciudad egipcia fortificada en el Nilo y sus consecuencias, la detención de soldados nubios de Kush y la deportación de la población civil egipcia. Del palacio norte del rey Ašurbanipal en Nínive.

única opción era superar o destruir las fortificaciones mientras se operaba al alcance de los defensores.

Las representaciones de asedios en las decoraciones murales del palacio (figura 11) muestran un impresionante arsenal de arietes y máquinas de asedio tripuladas, escaleras y torres de asedio móviles, así como socavones y túneles. Estas imágenes estaban diseñadas para crear la impresión de que la conquista asiria era inevitable. La visión popular del Imperio asirio rara vez va más allá de la impresión que se obtiene de estas imágenes, lo que resulta -absolutamente en línea con la intención de sus creadores- en la percepción de un pueblo empeñado en la conquista. Este es, por ejemplo, el mensaje clave de *You Wouldn't Want to Be an Assyrian Soldier: An Ancient Army You'd Rather Not Join*, de Rupert Matthews y David Antram, un raro y divertido ejemplo de libro infantil sobre Asiria.

Sin embargo, si había que tomar una ciudad fortificada totalmente por la fuerza, sin ayuda desde el interior, el coste habría sido muy elevado. En consecuencia, los asedios se evitaban siempre que era posible, como indican, por ejemplo, las consultas a los oráculos (véase el capítulo 3). Para persuadir a los sitiados de que se rindieran se utilizaban diversos métodos. Se cumplían promesas de amnistía si era aceptada; el reasentamiento de la población no se consideraba un castigo. Si esto no daba resultado, los árboles de los huertos frutales y las plantaciones de palmeras fuera de las murallas de la ciudad eran hachados uno a uno. Como tardaban muchos años en dar fruto, esto perjudicaba de forma duradera el sustento de la comunidad sitiada. Por último, algunos prisioneros de guerra o rehenes eran ejecutados a la vista de los defensores. El método elegido era el empalamiento en vivo, pero está claro que la mayoría de los asedios terminaban antes de llegar a esto. Si los asediados no cedían, como ocurrió por ejemplo con las ciudades de Babilonia y Nippur durante varios años en la guerra entre Aššurbanipal y su hermano Šamaš-šumu-ukin por el control de Babilonia, el hambre y las enfermedades hacían que la vida en las ciudades sitiadas fuera angustiosa y desoladora.

EL REY BENDITO: MONARQUÍA ABSOLUTA

Cuando Ašurnasirpal II trasladó la corte de Aššur a Kalhu en 879 a.C., las imágenes que decoraban la sala del trono de su nuevo palacio se diseñaron conscientemente para promover un doble mensaje ideológico crucial. En primer lugar, que Ašurnasirpal II controlaba todas las tierras. Ya hemos destacado la oposición entre las escenas ordenadas y tranquilas de audiencias y entrega de tributos que muestran al rey interactuando con sus obedientes clientes y las escenas caóticas y violentas de conquista y asedio que ilustran cómo reaccio-

12. El rey en comunión con el dios Aššur. De la sala del trono del rey Ašurnasirpal II en el Palacio Noroeste de Kalhu.

naba el rey ante la resistencia. En segundo lugar, la sala del trono debía subrayar que, a pesar del alejamiento del templo de Aššur, la relación entre el dios y el rey, su representante elegido, era tan estrecha y fuerte como siempre.

Con este fin, en la sala del trono (figura 12) se representó dos veces una escena extraordinaria, una en la pared opuesta a la entrada, a lo largo del lado más largo de la sala oblonga, y otra en su extremo más alejado, sobre la plataforma en la que descansaba el trono real. Cuando los visitantes entraban en la sala, su mirada se dirigía con fuerza hacia la imagen heráldica de espejo que mostraba a Ašurnasirpal (dos veces) con el dios Aššur. El rey, custodiado por un espíritu protector alado, levanta la mano derecha en el típico gesto de adoración a la deidad. Esta escena se muestra dos veces a cada lado del dios. Aššur aparece en forma humana, pero incorpórea, como la contraparte divina del rey, bajo la apariencia de un hombre barbudo que lleva el característico tocado en forma de fez del gobernante asirio y sostiene las armas preferidas del rey, el arco y la flecha. Un disco alado rodea a la figura, acentuando

13. Sello cilíndrico de cornalina con inscripción cuneiforme, que muestra una escena inspirada en la de la sala del trono de Aššurnasirpal II.

el carácter etéreo y sobrenatural de la deidad, y flota sobre un enigmático emblema que hoy se denomina Árbol Sagrado o Árbol de la Vida (aunque en realidad no se parece en nada a un árbol). Estas imágenes sugieren que el rey no necesitaba el templo de Aššur para comunicarse con el dios. Tan fuerte era su vínculo que el propio rey bendito servía de conducto. Con la bendición de Asur, su poder era absoluto.

Pero no hizo falta una audiencia con el rey en Kalhu para toparse con esta potente imagen. Un sello cilíndrico de cornalina (Figura 13) del gobernante local de Šadikanni (de Tell Ajaja, en el Khabur, al noreste de Siria) demuestra que la imagen se difundió por todo el imperio en forma de arte fácilmente transportable. El sello lleva la inscripción en escritura cuneiforme de Mušezib-Ninurta, hijo de Ninurta-ereš, nieto de Samanuha-šar-ilani, miembros de una antigua dinastía que gobernó la ciudad de Šadikanni. Samanuhašar-ilani fue un contemporáneo de Asurnasirpal, atestiguado como un aliado asirio en la reconquista de la región de Jabur en la cuenta para el año 883 en las inscripciones del rey asirio. Su nieto fue presumiblemente contemporáneo del longevo sucesor de Ašurnasirpal, Salmanasar III. La inscripción estaba grabada en positivo en el sello, lo que significa que se imprimió en escritura especular cuando se utilizó el sello. Esto sugiere que el texto no formaba parte del diseño original del sello y que pudo añadirse mucho más tarde. Lo más probable es que Aššurnasirpal concediera el preciado objeto como regalo a su aliado, ya que el sello muestra una escena inspirada en el diseño heráldico expuesto en la sala del trono del palacio de Ašurnasirpal en Kalhu.

Para el siglo VII, por lo menos, la ideología de la realeza consideraba al rey como un ser independiente y superior al hombre. En un texto literario sobre la creación del hombre, los dioses crearon al rey en un acto aparte, después de haber creado a la humanidad:

> Ea (dios de la sabiduría) abrió la boca para hablar, diciendo una palabra a Belet-ili (diosa de la creación): «Tú eres Belet-ili, la hermana de los grandes dioses; fuiste tú quien creó al hombre, al humano (lullû amēlu). ¡Moda ahora al rey, al hombre consejero (šarru māliku amēlu)! Cíñele toda la figura tan agradablemente, haz perfecto su semblante y bien formado su cuerpo!» Y Belet-ili modeló al rey, el hombre consejero.

La bendita familia real gozaba de un estatus muy especial en la sociedad asiria y sólo sus miembros varones podían optar a la realeza. Aunque hubo usurpaciones y guerras de sucesión, todos los reyes asirios hasta el final del imperio descienden de esta única familia por línea masculina, lo que la convierte en una de las casas reales más longevas de todos los tiempos.

COMUNICACIÓN URGENTE A LARGA DISTANCIA

Una estrategia clave para garantizar la cohesión en todo el vasto Imperio asirio era una comunicación rápida que conectara al rey con los gobernadores de las provincias y los embajadores en las cortes de los gobernantes clientes en el extranjero. La red de comunicación imperial fue cuidadosamente planificada y creada en el siglo IX a.C. y conocida como la «Camino del Rey». Los gobernadores tenían que mantener estaciones de carretera en posiciones estratégicas dentro de su provincia que servían de etapas e intersecciones en el sistema de comunicación imperial; siempre que se añadía una nueva provincia al reino, uno de los principales retos de la nueva administración era conectarla al «Camino del Rey». Las estaciones de carretera estaban situadas dentro de asentamientos ya existentes o constituían asentamientos propios, con la base agrícola necesaria para mantener al personal, los enviados y los animales de transporte. Los caravasares del mundo musulmán medieval pueden servir de comparación, ya que también son estructuras construidas a lo largo de rutas de larga distancia que proporcionan refugio y protección a corto plazo para los viajeros y sus animales, pero una diferencia crucial es que las estaciones de carretera asirias sólo servían al Estado y no estaban abiertas a los viajeros comerciales.

El círculo de personas a las que se permitía hacer uso de los recursos del «Camino del Rey» era, por tanto, restringido y sólo estaba disponible para quienes habían sido designados formalmente para un cargo estatal. Todos los magnates del imperio recibían una copia de un anillo de sello grabado con el emblema imperial universalmente reconocido (que mostraba al rey matando a un león; véase la figura 10) como símbolo de su cargo y como herramienta para actuar en lugar del rey. Utilizaban este anillo para sellar sus cartas, lo que permitía a todos aquellos que desempeñaban un papel en la transmisión de sus misivas, como el personal de las estaciones de carretera y los secretarios del rey, para identificarlas instantáneamente como cartas de importancia estatal, tratándolas con la atención y urgencia requeridas.

Los mensajes se intercambiaban por carta, de mensajero a mensajero, o por emisario (que podía o no llevar una carta). El envío de un emisario, que recorría toda la distancia, era el medio de comunicación preferido cuando el mensaje era muy delicado o cuando era importante que se tomara una decisión en el acto. Los "amigos" del rey (véase el capítulo 3) actuaban a menudo como enviados. El primer método era considerablemente más rápido, ya que cada mensajero recorría sólo una etapa de la distancia entre una estación pasada y la siguiente, donde la carta pasaba a un nuevo mensajero, lo que permitía que el mensaje viajara sin demora. La disociación entre carta y mensajero fue una innovación asiria del siglo IX a.C., radical en su época. Hasta la llegada del telégrafo, este sistema de retransmisión marcó la pauta de la velocidad de comunicación durante casi tres milenios.

Los correos y enviados iban montados y viajaban con parejas de mulas para reducir la posibilidad de que el jinete se quedara tirado con un animal cojo. Descendientes de una madre caballo y un padre asno, estos híbridos infértiles combinan el cuerpo de un caballo con las extremidades de un asno y a menudo crecen más altos que los padres. Las mulas maduran cinco años más tarde que los animales padres, pero tienen una vida laboral más larga, de hasta veinte años. Infértiles, lentas en su desarrollo físico y necesitadas de un adiestramiento exhaustivo pero delicado, las mulas eran una inversión costosa. Para el Estado asirio, sin embargo, el gasto se compensaba fácilmente por el hecho de que las mulas son más fuertes y resistentes que los caballos, a la vez que comparten con el asno la seguridad de los pies y el instinto de autoconservación; también son buenas nadadoras. El uso militar de estos animales ha continuado en la actualidad, por ejemplo, en los ejércitos británico y estadounidense.

Los corresponsales del rey sólo utilizaban el costoso sistema de comunicación cuando necesitaban implicar a la administración central en su toma de decisiones o para transmitir información esencial. Los magnates eran nombrados para ejercer el poder localmente en nombre de la corona y, al hacerlo, debían confiar en su propio criterio. Su principal cometido era actuar en nombre del rey siempre y cuando éste no pudiera estar presente. Por ello, la mayoría de sus cartas tratan de lo inesperado más que de asuntos rutinarios: oportunidades que surgen y catástrofes que se desencadenan, giros de los acontecimientos que galvanizan o, en ocasiones, aturden a los guardianes del Imperio asirio. Por ello, muchas de las cartas se centran en problemas, contratiempos y desafíos.

Actualmente se conocen unas 2.000 cartas de la correspondencia estatal del primer milenio. Estas cartas se distribuyen de forma bastante desigual a lo largo de dos siglos, desde el reinado de Adad-nerari III a principios del siglo VIII hasta el final del imperio. La mayoría de las cartas estatales, unos 1.200 textos, datan del reinado de Sargón II. La mayoría se encontraron en los archivos reales de Nínive, adonde se trasladaron bajo el reinado de Sargón II, pero una pequeña parte de su correspondencia se excavó en Kalhu. Estos textos son una de las mejores fuentes disponibles para los historiadores que estudian cómo se dirigía un imperio antiguo.

CONTARLOS COMO ASIRIOS: EL PROGRAMA DE REASENTAMIENTO

Todos los pueblos del imperio, sin importar su origen, eran "contados entre los asirios", como rezaban las inscripciones reales. La Biblia cita un mensaje que el rey Senaquerib supuestamente comunicó al pueblo de Jerusalén durante el asedio de 701 a.C. Después de instarles a abandonar a su traidor vasallo, el rey Ezequías de Judá, les dijo:

> Haced las paces conmigo y salid a mi encuentro. Entonces cada uno de vosotros comerá fruto de su vid y de su higuera y beberá agua de su propia cisterna, hasta que yo venga y os lleve a una tierra como la vuestra: una tierra de grano y de vino nuevo, una tierra de pan y de viñedos, una tierra de olivos y de miel. ¡Elige la vida y no la muerte! (2 Reyes 18: 31-2)

La «deportación», como suele denominarse a la estrategia de reasentamiento masivo en el Imperio asirio (un término erróneo, dadas varias asociaciones inaplicables como marginación y exterminio), podía considerarse de hecho un privilegio más que un castigo. La gente se trasladaba con sus familias y sus posesiones (véase la figura 11); no se les arrebataba en el fragor de la batalla o la conquista, sino que eran elegidos como resultado de un proceso de selección deliberado, a menudo tras una guerra que muy posiblemente había reducido a ruinas su hogar original; y cuando las fuentes asirias especifican quiénes iban a ser reubicados, nombran a las élites urbanas, artesanos, eruditos y militares. La política de reasentamiento dividía a las comunidades entre los que debían quedarse y los que debían marcharse, en función de las necesidades del imperio. Los especialistas de las zonas recién sometidas fueron reasentados con mayor frecuencia en el corazón asirio en beneficio económico y cultural del imperio, para generar conocimiento y riqueza.

Por otra parte, los asirios deshonrados, en lugar de ser asesinados, eran enviados lejos de su hogar con el fin de redimirse como colonos al servicio del estado. En complejos movimientos circulares cuidadosamente planificados y ejecutados a lo largo de varios años, las poblaciones eran reubicadas dentro de las fronteras del imperio, sustituyendo y siendo sustituidas por personas que a su vez eran trasladadas. Por ejemplo, los habitantes de Samaria, conquistada en 722 a.C., fueron trasladados a las dos provincias Harhar y Kiššesim, creadas en territorio medo en la región de Hamadán, en Irán, en 716 a.C. Sus habitantes se asentaron a su vez en Aššur (véase el capítulo 5), de donde algunos, indultados tras una insurrección fallida en 720 a.C., habían sido trasladados a Hamat (la actual Hama, en Siria), que se había rebelado en la misma época y había sido destruida. Sus habitantes fueron trasladados a Samaria, cerrando este circuito. Se trata tan sólo de una vertiente de unos arreglos simultáneos enormemente complejos que incluían también regiones de Babilonia y Anatolia. Se ha calculado, basándose en las referencias de las inscripciones reales, que 4.400.000 ± 900.000 personas fueron reubicadas desde mediados del siglo IX hasta mediados del siglo VII a.C., de las cuales el 85% se asentaron en el centro de Asiria, un número gigantesco, especialmente en un mundo cuya población era una pequeña fracción de la actual. Para todas estas personas, el reasentamiento pretendía proporcionarles un futuro mejor y, al mismo tiempo, beneficiar al imperio. Por supuesto, su reubicación era al mismo tiempo una forma eficaz de minimizar el riesgo de rebelión contra la autoridad central.

Los colonos, su trabajo y sus habilidades eran muy valiosos para el Estado. Su traslado fue cuidadosamente planeado y organizado. Debían viajar cómodos y seguros para llegar a su destino en buena forma física. En las representaciones que decoran las paredes del palacio, hombres, mujeres y niños viajan en grupos, a menudo montados en vehículos o animales, y nunca atados. Las provisiones de viaje para un grupo de colonos de Siria occidental fueron objeto de una carta del siglo VIII de un funcionario al rey Tiglat-pileser III:

> En cuanto a los arameos sobre los que el rey mi señor me ha escrito: '¡Prepáralos para su viaje!' Les daré su comida provisiones, ropa, un odre, un par de zapatos y aceite. Aún no tengo mis burros, pero en cuanto estén disponibles, enviaré mi convoy.

Queda claro que el Estado también apoyaba a los colonos una vez llegados a su destino en otra carta de la misma correspondencia:

> En cuanto a los arameos sobre los que el rey mi señor ha dicho: '¡Tendrán esposas!' Encontramos numerosas mujeres adecuadas, pero sus padres se niegan a darlas en matrimonio, alegando: 'No consentiremos a menos que puedan pagar el precio de la novia.' Que los paguen para que los arameos puedan casarse.

Esta declaración pone de relieve cómo el Estado fomentó activamente la mezcla de los nuevos vecinos. El objetivo último de la política de reasentamiento asirio era crear una población homogénea de «asirios» con una cultura y una identidad comunes.

CONOCIMIENTO Y PODER: LA BIBLIOTECA REAL

Si el descubrimiento de la escultura palaciega popularizó Asiria y dio lugar a libros superventas y exposiciones multitudinarias a mediados del siglo XIX ad, la recuperación de los extensos archivos y bibliotecas de los palacios reales de Nínive y su desciframiento anunciaron la fundación de una nueva disciplina académica apodada Asiriología. Aunque su núcleo se había ido reuniendo gradualmente a lo largo de los siglos, la colección recibe hoy el nombre de "Biblioteca de Asurbanipal", en honor al más ávido de los coleccionistas reales. Los antaño considerables fondos de tablillas de cera (véase el capítulo 2) se han perdido por completo a causa de los incendios que arrasaron los palacios de Nínive en 612 y los estragos del tiempo. Pero unas 20.000 tablillas de biblioteca han sobrevivido y hoy se conservan en el Museo Británico como parte de su «Colección Kuyunjik» (llamada así por el montículo de asentamiento que albergaba los palacios de Nínive). Aunque se ha publicado mucho, la biblioteca es tan vasta que sigue siendo imposible dar una visión de conjunto de su contenido. Sin embargo, es seguro que sólo una ínfima minoría de textos puede calificarse de literatura, incluida la famosa Epopeya de Gilgameš, mientras que las instrucciones rituales y las disciplinas pronósticas de la astrología y la adivinación de sacrificios emergen como las áreas temáticas clave de la parte publicada de la biblioteca. La función principal de la colección era proporcionar a los consejeros eruditos del rey materiales para apoyar la toma de decisiones real y asegurar el favor divino para el rey y el estado: textos que contenían directrices detalladas para la realización de rituales o enormes colecciones de referencia de presagios.

Todos los reyes asirios, al menos en los siglos VIII y VII a.C., sabían leer y escribir cuneiformes, al igual que los demás hombres destinados a desempeñar un papel en la gestión del imperio. Sin embargo, la fascinación de Aššurbanipal con conocimientos esotéricos y arcanos iba mucho más allá de la alfabetización básica. En sus inscripciones afirmaba haber recibido una amplia formación académica. Además, en algunas de las decoraciones murales de su Palacio del Norte en Nínive, se hacía representar con un estilete de escribir metido en el cinturón, en lugar del cuchillo más habitual. Pero los inicios de la biblioteca real asiria se remontan probablemente al siglo XIV a.C. y al rey Aššur-uballit I, cuyo escriba real Marduk-nadin-ahhe de Babilonia (véase el capítulo 5) habría estado bien situado para iniciar un proyecto de este tipo. Cuando Tukulti-Ninurta I saqueó Babilonia en el siglo XIII a.C., se trajo tablillas de la biblioteca para engrosar los fondos y, en el siglo VII, la colección se había convertido en la mayor biblioteca cuneiforme de todos los tiempos.

En su mayor parte, la biblioteca real era producto de la copia, edición y composición local asiria. Pero Asurbanipal también aprovechó el control del imperio sobre Babilonia, y tal vez Egipto, para recopilar textos de la biblioteca. Tan organizado estaba este esfuerzo que el rey hizo enviar partidas de búsqueda para localizar obras raras de erudición y apropiarse de ellas, por la fuerza si era necesario. Los registros que enumeran 2.000 tablillas y 300 tableros de escritura demuestran que éstos se integraron en la biblioteca real tras el final del imperio insurrección babilónica del 652 al 648 a.C. (véase el capítulo 4) procedentes de colecciones privadas. Además, los babilonios fueron reclutados para el programa a gran escala de copia de tablillas. A algunos se les encargó y pagó la producción de tablillas, pero a otros se les obligó a hacerlo. Un texto administrativo revela que babilonios cautivos «encadenados» fueron obligados a copiar tablillas bajo coacción, incluido el hijo del gobernador de Nippur que había apoya-

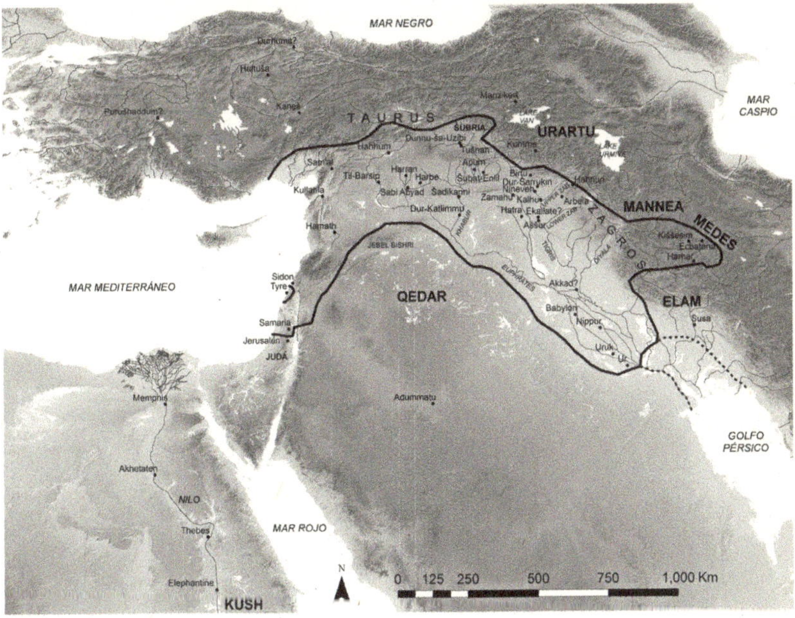

Mapa. El Imperio Asirio, c.670 Be, y ali sitios (sorne anteriores o posteriores) mencionados en este volumen.

do la rebelión. Esto arroja algo de luz sobre el trato que recibían los prisioneros políticos en Nínive y también ilustra que los miembros de la élite urbana babilónica eran muy cultos. El erudito Aššurbanipal no era un caso único.

A principios del siglo VII a.C., las ciudades centrales asirias de Nínive, Kalhu y Aššur albergaban a expertos de todo el mundo conocido. Sin ellos, algunos de los logros más duraderos de los reyes asirios, como la construcción y amueblamiento de los magníficos palacios y templos o la recopilación del contenido de la legendaria biblioteca de Asurbanipal, habrían sido imposibles. Independientemente de si estaba motivado por la sed de conocimiento y el deseo de controlar y utilizar este conocimiento en interés del imperio, o si se entregó a la voracidad del rico coleccionista, hoy en día la biblioteca es el monumento más perdurable de Aššurbanipal y quizás de Asiria.

CRONOLOGÍA

Gobernantes de Aššur

Ušpia finales del tercer milenio a. C …	Construye el templo de Aššur	
Erišum I Siglo XIX …	Amplía el templo de Aššur	Mercaderes en Kaneš: nivel Ib
Samsi-Addu Siglo XVIII	Conquista Aššur; reconstruye el templo	Mercaderes en Kaneš: Nivel II
Išme-Dagan Siglo XVIII …		Hammurabi, rey de Babilonia
Puzur-Sin Siglo XVII …	Libera a Aššur del dominio extranjero	
Aššur-nadin-ahhe I Siglo XV …		

Reyes de Asiria

Aššur-uballit I 1356-132 …	Primer rey de Asiria	Escriba real Marduk-nadin-ahhe
Adad-nerari I 1300–1270		
Shalmaneser I 1269–1241	Derrota final de Mittani	Ibašši-ili, primer virrey de Hanigalbat

Tukulti-Ninurta I 1240–1205 …	Captura de Babilonia	
Aššur-nerari III 1200–1195 …	Crisis de sucesión	Ili-pada, último virrey de Hanigalbat
Ninurta-apil-Ekur 1189–1178		
Tiglath-pileser I 1114–1076 …	La hambruna empieza a provocar migraciones	
Aššur-bel-kala 1073–1056 …		
Aššur-dan II 935–912	Comienza la conquista de los territorios perdidos	
Adad-nerari II 911–891		
Tukulti-Ninurta II 890–884		
Aššurnasirpal II 883–859	879: Nueva capital Kalhu	Maestro Erudito Gabbu-ilani-ereš, Supervisor de Palacio Nergal-apil-kumu'a
Shalmaneser III 858–824	Antiguas fronteras restauradas	
Šamši-Adad V 823–811		
Adad-nerari III 810–783 …		Gobernador Nergal-ereš
Tiglath-pileser III 744–727	Comienza la conquista de nuevos territorios	

Shalmaneser V 726–722		
Sargon II 721–705	706: Nueva capital Dur-Šarrukin	Embajador Aššur-re-suwa
Sennacherib 704–681	c.700: Nueva capital Nínive	Ezequías, rey de Judah
Esarhaddon 680–669	672: Pacto con todos los sujetos	680-612: Pueblo del capítulo 3
Aššurbanipal 668–630		Šamaš-šumu-ukin, rey de Babilonia
Aššur-etel-ilani 629–627		
Sin-šarru-iškun 626–612	614: Destrucción del templo de Aššur	Nabopolasar, rey de Babilonia
Aššur-uballit II 611–608	612: Caída de Nínive	

Gobernantes de Aššur

Ciro II de Persia 538-530 ...	Segundo templo de Aššur («Templo A»)	Comunidad asiria en Uruk
R'uth-Assor s. I d. C ...	Tercer templo de Aššur («Parto») c. 240: Destrucción del templo de Aššur	Iglesia de Oriente Ardashir I, rey de Imperio sasánida San Mateo y San Behnam

LISTA DE ILUSTRACIONES

1. La ciudad de Aššur. Mapa adaptado a partir de Michael Roaf, *Cultural Atlas of Mesopotamia and the Ancient Near East*, p. 149 (Oxford: Equinox, 1990).
2. Relieve de piedra que representa al dios Aššur y dos manantiales divinizados
   De Aššur. Museo Vorderasiatisches de Berlín, VA Ass 1358. Wikimedia Commons (CC). Autor: Osama Shukir Muhammed Amin FRCP (Glasg).
3. Estela de R'uth-Assor, maestro (Maryo) de Labbana/Assor de Aššur. Museo Oriental de Estambul, OIM 1072/4736. Wikimedia Commons (CC0). Autora: Jona Lendering.
4. Imagen por satélite de Kültepe, que muestra la extensión de las excavaciones: los palacios y templos de Kaneš en el montículo circular alto y los barrios de mercaderes en la ciudad baja contigua al montículo en el noreste. Google, © 2014/CNES/Astrium
5. La capital asiria Kalhu (Nimrud), Dur-Šarrukin (Khorsabad), y Nínive. Dibujo adaptado a partir de otro de Julian Reade.
6. Toro alado colosale con cabeza humana del palacio noroccidental del rey Ašurnasirpal II en Kalhu. Museo Británico, BM 118872. © Trustees of the British Museum.
7. Contrato de venta de propiedad del Museo Arqueológico Dur-Katlimmu de Deir ez-Zor, DeZ 12650 (excavación número SH 92/6349/12). © Archivo Tell Sheikh

Hamad, Universidad Libre de Berlín. Cortesía de Hartmut Kühne.

8. Estela de Esarhaddon, rey de Asiria. De Sam'al (moderna Zinjirli). Museo Vorderasiatisches de Berlín, VA 2708. Adaptación del autor a partir de Felix von Luschan, Ausgrabungen in Sendschirli 1, lámina i y lámina iii (Berlín: Spemann, 1893).
9. La Casa Roja de Dur-Katlimmu. Adaptación a partir del Archivo Tell Sheikh Hamad, Universidad Libre de Berlín. Cortesía de Hartmut Kühne.
10. Impresión de un sello de Nínive. Museo Británico, BM 84551. © Trustees of the British Museum.
11. Losa de piedra de la decoración mural de la sala M del palacio norte del rey Ašurbanipal, en Nínive. Museo Británico, BM 124928. © Trustees of the British Museum.
12. Losa de piedra de la decoración mural de la sala del trono del rey Ašurnasirpal II en el palacio noroccidental de Kalhu. Museo Británico, BM 124531. © Trustees of the British Museum.
13. Sello cilíndrico de cornalina con una inscripción cuneiforme. Museo Británico, BM 89135. © Trustees of the British Museum.
14. Mapa: El Imperio Asirio, c.670 a.C., y todos los sitios (algunos anteriores o posteriores) mencionados en este volumen. Adaptación de uno previo creado por Alessio Palmisano a partir de un boceto del autor.

REFERENCIAS

Capítulo 1: Presentación de Asiria

Irving Finkel, ed., *The Cyrus Cylinder: The King of Persia's Proclamation from Ancient Babylon* (Londres y Nueva York: I.B. Tauris, 2013).

Mario Liverani, «From city-state to empire: the case of Assyria», en *The Roman Empire in Context: Historical and Comparative Perspectives*, ed. Johann P. Arnason y Kurt A. Raaflaub. Johann P. Arnason y Kurt A. Raaflaub, 251-69 (Oxford: Wiley-Blackwell, 2011).

Mirko Novák y Helen Younansardaroud, «Mar Behnam, Sohn des Sanherib von Nimrud: Tradition und Rezeption assyrischer Gestalten im iraqischen Christentum und die Frage nach dem Fortleben der Assyrer», *Altorientalische Forschungen*, 29 (2002): 166-94.

Diana Pickworth, «Excavations at Nineveh: the Halzi Gate», *Iraq*, 67 (2005): 295-316.

Capítulo 2: Lugares asirios

Aššur

Pauline O. Harper, Evelyn Klengel-Brandt, Joan Aruz y Kim Benzel, eds., *Assyrian Origins: Discoveries at Ashur on the Tigris* (Nueva York: Metropolitan Museum of Art, 1995).

Stefan M. Maul, «Die tägliche Speisung des Assur (ginā'u) und deren politische Bedeutung», en *Time and History in the Ancient Near East*, ed. Luis Feliu, Jaume Llop, Adelina

Millet Alba y Joaquín Sanmartín, 561-74 (Winona Lake IN: Eisenbrauns, 2013).

Nicholas Postgate, *Bronze Age Bureaucracy: Writing and the Practice of Government in Assyria* (Cambridge: Cambridge University Press, 2014): capítulo 4.

Kaneš

Gojko Barjamovic, Thomas Hertel y Mogens Trolle Larsen, *Ups and downs at Kanesh: Chronology, History and Society in the Old Assyrian Period* (Leiden: Nederlands Instituut voor het Nabije Oosten, 2012).

Tahsin Özgüç, *Kültepe Kaniš-Neša: The Earliest International Trade Center and the Oldest Capital City of the Hittites* (Estambul: Centro de Cultura de Oriente Medio en Japón, 2003).

Sharon R. Steadman y Gregory McMahon, eds., *The Oxford Handbook of Ancient Anatolia* (Oxford & New York: Oxford University Press, 2011): capítulo 13 (Cécile Michel), capítulo 47 (Fikri Kulakoğlu).

Kalhu

John E. Curtis, Henrietta McCall, Dominique Collon y Lamia al-Gailani-Werr, eds., *New Light on Nimrud* (Londres: British Institute for the Study of Iraq, 2008).

Joan y David Oates, *Nimrud: An Assyrian Imperial City Revealed* (Londres: British School of Archaeology in Iraq, 2001).

Steven W. Holloway, «Biblical Assyria and other anxieties in the British Empire», *Journal of Religion & Society*, 3 (2001): <http://moses. creighton.edu/jrs/2001/2001-12.pdf>.

Dur-Katlimmu

Hartmut Kühne, «Tell Sheikh Hamad: the Assyrian-Aramean centre of Dur-Katlimmu/Magdalu», en *100 Jahre archäo-*

logische Feldforschungen in Nordost-Syrien: eine Bilanz, ed. Dominik Bonatz y Lutz Martin. Dominik Bonatz y Lutz Martin, 235-58 (Wiesbaden: Harrassowitz, 2013).

Nicholas Postgate, *Bronze Age Bureaucracy: Writing and the Practice of Government in Assyria* (Cambridge: Cambridge University Press, 2014): capítulo 5.5.

Frans A. M. Wiggermann, «The seal of Ili-pada, Grand Vizier of the Middle Assyrian Empire», en *The Iconography of Cylinder Seals*, ed. Paul Taylor, 92-9 (Londres: Warburg Institute, 2006).

Capítulo 3: Los asirios en casa

Karen Radner y Heather D. Baker, eds., *The Prosopography of the Neo-Assyrian Empire* (Helsinki: Neo-Assyrian Text Corpus Project, 1998-2011).

Rey Esarhaddon

Mikko Luukko y Greta Van Buylaere, *The Political Correspondence of Esarhaddon* (Helsinki: Helsinki University Press, 2002): núm. 59 (profecía de Sasî).

Simo Parpola, *Letters from Assyrian and Babylonian Scholars* (Helsinki: Helsinki University Press, 1993): nos. 187, 196 y 316.

Karen Radner, «The trials of Esarhaddon: the conspiracy of 670 BC», en *Assur und sein Umland*, ed., Peter Miglus y Joaquín M. Córdoba, 165-84 (Madrid: Universidad Autónoma de Madrid, 2003).

Frances Reynolds, *The Babylonian Correspondence of Esarhaddon* (Helsinki: Helsinki University Press, 2003): no. 100 (Urdu-Mullissi's conspiracy).

Ivan Starr, *Queries to the Sungod: Divination and Politics in Sargonid Assyria* (Helsinki: Helsinki University Press, 1990): no. 139.

Eruditos

Mikko Luukko y Greta Van Buylaere, *The Political Correspondence of Esarhaddon* (Helsinki: Helsinki University Press, 2002): núms. 34 y 35.

Simo Parpola, *Letters from Assyrian and Babylonian Scholars* (Helsinki: Helsinki University Press, 1993): núm. 294.

Karen Radner, «The Assyrian king and his scholars: the Syro-Anatolian and the Egyptian schools», *Studia Orientalia*, 106 (2009): 221-38.

Propietario

Karen Radner, *Die neuassyrischen Texte aus Tall Šēḫ Ḥamad* (Berlín: Reimer, 2002).

Vendedor de vinos

Peter Miglus, Karen Radner y Franciszek M. Stępniowski, *Untersuchungen im Stadtgebiet von Assur: Wohnquartiere in der Weststadt* (Wiesbaden: Harrassowitz).

Capítulo 4: Asirios en el extranjero

Asuntos familiares

Cécile Michel, «The private archives from Kaniš belonging to Anatolians», *Altorientalische Forschungen,* 38 (2011): 94-115.

Cécile Michel, «Akkadian texts: women in letters - Old Assyrian Kaniš», en *Women in the Ancient Near East,* ed., Mark W. Chavalas, 205-12 (Londres y Nueva York: Routledge, 2013).

Enviados

William L. Moran, *The Amarna Letters* (Baltimore y Londres: Johns Hopkins University Press, 1992): núms. 15 y 16.

Amanda H. Podany, *Brotherhood of Kings: How International Relations Shaped the Ancient Near East* (Nueva York y Oxford: Oxford University Press, 2010).

Nicholas Postgate, *Bronze Age Bureaucracy: Writing and the Practice of Government in Assyria* (Cambridge: Cambridge University Press, 2014): capítulo 5.3.

Desterrado a las montañas

Albert Kirk Grayson, *Assyrian Rulers of the Early First Millennium BC, vol. 1* (Toronto: University of Toronto Press, 1991): inscripciones de Aššur-bel-kala, Aššur-dan II y Aššurnasirpal II.

Wiebke Kirleis y Michael Herles, «Climate change as a reason for Assyro-Aramaean conflicts? Pollen evidence for drought at the end of the 2nd millennium BC», *State Archives of Assyria Bulletin*, 16 (2007): 7-37.

Jehuda Neumann y Simo Parpola, «Climatic change and the eleventh-tenth-century eclipse of Assyria and Babylonia», *Journal of Near Eastern Studies*, 46 (1987): 161-82 (traducción del texto de la crónica de 1082 a.C.: p. 178).

Karen Radner, *Das mittelassyrische Tontafelarchiv von Giricano/ Dunnu-ša-Uzibi* (Turnhout: Brepols, 2004).

Embajador impopular

Giovanni B. Lanfranchi y S. Parpola, *The Correspondence of Sargon II, Part II: Letters from the Northern and Northeastern Provinces* (Helsinki: Helsinki University Press, 1990): capítulo 6.

Simo Parpola, *The Correspondence of Sargon II, Part I: Letters from Assyria and the West* (Helsinki: Helsinki University Press, 1987): no. 29 (trama del secuestro).

Simo Parpola y K. Watanabe, *Neo-Assyrian Treaties and Loyalty Oaths* (Helsinki: Helsinki University Press, 1988): no. 5 (tratado con Tiro).

Karen Radner, «Between a rock and a hard place: Musasir, Kumme, Ukku and Šubria – the buffer states between Assyria and Urartu», en *Biainili-Urartu,* ed., Stefan Kroll et al. Stefan Kroll et al., 243-64 (Lovaina: Peeters, 2012).

Rivalidad entre hermanos

Frederick Mario Fales, «After Ta'yinat: the new status of Esarhaddon's adê for Assyrian political history», *Revue d'Assyriologie,* 106 (2012): 133-58.

Grant Frame, «Šamaš-šuma-ukīn», en *Reallexikon der Assyriologie und Vorderasiatischen Archäologie,* 11, ed. Michael P. Streck et al. Michael P. Streck et al., 618-21 (Berlín y Nueva York: de Gruyter, 2006-8).

Richard C. Steiner, «The Aramaic text in demotic script», en *Context of Scripture 1: Canonical Compositions from the Biblical World,* ed. (en inglés) W. W. Hallo, 309-27 (Leiden & Boston: Brill, 1997).

Capítulo 5: Extranjeros en Asiria

Modelo

Hannes Galter, «Textanalyse assyrischer Königsinschriften: der Aufstand des Puzur-Sin», *State Archives of Assyria Bulletin,* 14 (2002-5): 1-21.

Albert Kirk Grayson, *Assyrian Rulers of the Third and Second Millennia BC* (Toronto: University of Toronto Press, 1987): inscripciones de Šamši-Adad y Puzur-Sin.

Erle Leichty, *The Royal Inscriptions of Esarhaddon, King of Assyria (680-669 BC)* (Winona Lake IN: Eisenbrauns, 2011).

Regine Pruzsinszky, *Mesopotamian Chronology of the 2nd Millennium BC: An Introduction to the Textual Evidence and Related Chronological Issues* (Viena: Verlag der Österreichischen Akademie der Wissenschaften, 2009): capítulo 9.

Nele Ziegler, «Šamšī-Adad I.», en *Reallexikon der Assyriologie und Vorderasiatischen Archäologie*, 11, ed. Michael P. Streck et al. Michael P. Streck et al., 632-5 (Berlín y Nueva York: de Gruyter, 2006-8).

Escriba Real

Frans A. M. Wiggermann, «A Babylonian scholar in Assur», en *Studies in Ancient Near Eastern World View and Society Presented to Marten Stol*, ed. R. J. van der Spek, 203-34 (Bethesda MA: CDL Press, 2008).

Rehenes reales

Albert Kirk Grayson, *Assyrian Rulers of the Early First Millennium BC, vol. 1* (Toronto: University of Toronto Press, 1991): inscripción de Tiglat-pileser I.

Karen Radner, «After Eltekeh: royal hostages from Egypt at the Assyrian court», en *Stories of Long Ago: Festschrift für Michael D. Roaf*, ed. Heather D. Baker, Kai Kaniuth y Adelheid Otto, 471-9 (Münster: Ugarit Verlag, 2012).

Familia iraní

Kaisa Åkerman, «The "Aussenhaken Area" in the city of Assur during the second half of the 7th century BC'», *State Archives of Assyria Bulletin*, 13 (1999-2001): 217-72.

Andreas Fuchs y Simo Parpola, *The Correspondence of Sargon II, Part III: Letters from Babylonia and the Eastern Provinces* (Helsinki: Helsinki University Press, 2001): capítulo 4.

Karen Radner, «Assyria and the Medes», en *The Oxford Handbook of Ancient Iran*, ed. Daniel T. Potts, 442-56 (Oxford y Nueva York: Oxford University Press, 2013).

Prisioneros de guerra

Betina Faist, «An Elamite deportee», en *Homeland and Exile: Biblical and Ancient Near Eastern Studies in Honour of Bustenay Oded*, ed. G. Galil et al., 59-69 (Leiden & Boston: Brill, 2009).

Capítulo 6: La dominación asiria del mundo: el imperio pathfinder

Ejército

Robin Archer, «Chariotry to cavalry: developments in the early first millennium», en *New Perspectives on Ancient Warfare*, ed., Garrett y otros. Garret G. Fagan y Matthew Trundle, 57-80 (Leiden & Boston: Brill, 2010).

Andreas Fuchs, «Assyria at war: strategy and conduct», en *The Oxford Handbook of Cuneiform Culture*, ed. Karen Radner y Eleanor Robson, 380-401 (Oxford: Oxford University Press, 2011).

Mario Liverani, «Assyria in the ninth century: continuity or change?», en *From the Upper Sea to the Lower Sea: Studies on the History of Assyria and Babylonia in Honour of A. K. Grayson*, ed., Grant Frame y Linda S. Wilding, 213-26 (Leiden: Nederlands Instituut voor het Nabije Oosten, 2004).

Monarquía absoluta

Dominique Collon, *Catalogue of the Western Asiatic Seals in the British Museum, Cylinder Seals 5: Neo-Assyrian and Neo-Babylonian Periods* (Londres: British Museum Press, 2001): no. 151.

Stephen Lumsden, «Narrative art and empire: the throne-room of Ašurnasirpal II», en *Assyria and Beyond: Studies Presented to Mogens Trolle Larsen*, ed. Jan Gerrit Dercksen,

359-85. Jan Gerrit Dercksen, 359-85 (Leiden: Nederlands Instituut voor het Nabije Oosten, 2004).

John Nicholas Postgate, «The land of Assur and the yoke of Assur», *World Archaeology*, 23 (1992): 247-63.

Karen Radner, «Assyrian and non-Assyrian kingship in the first millennium BC», en *Concepts of Kingship in Antiquity*, ed., Giovanni Giuseppe. Giovanni B. Lanfranchi y Robert Rollinger, 15-24 (Padua: Sargon srl, 2010).

Michael Roaf, «The décor of the throne room of the palace of Ashurnasirpal», en *New Light on Nimrud*, ed., John E. Curtis, Henrietta McCall, Dominique Collon y Lamia al-Gailani-Werr, 209-14 (Londres: British School of Archaeology in Iraq, 2008).

Comunicación a larga distancia

Karen Radner, «An imperial communication network: the state correspondence of the Neo-Assyrian Empire», en *State Correspondence in the Ancient World: From New Kingdom Egypt to the Roman Empire*, ed., Karen Radner. Karen Radner, 64-93 (Nueva York y Oxford: Oxford University Press, 2014).

Programa de reasentamiento

Mikko Luukko, *The Correspondence of Tiglath-pileser III and Sargon II from Calah/Nimrud* (Helsinki: Neo-Assyrian Text Corpus Project, 2012): núms. 17 y 18.

Peter Machinist, «Assyrians on Assyria in the first millennium BC», en *Anfänge politischen Denkens in der Antike: die nahöstlichen Kulturen und die Griechen*, ed. Kurt Raaflaub, 77-104 (Munich: Oldenbourg, 1993).

Bustenay Oded, *Mass Deportations and Deportees in the Neo-Assyrian Empire* (Wiesbaden: Harrassowitz, 1979).

Biblioteca de Aššurbanipal

Grant Frame y Andrew R. George, «The royal libraries of Nineveh: new evidence for King Ashurbanipal's tablet collection», *Iraq*, 67 (2005): 265-84.

Eleanor Robson, «Reading the libraries of Assyria and Babylonia», en *Ancient Libraries,* ed., Jason König, Katerina Oikonomopoulou y Greg Woolf, 38-56. (Cambridge: Cambridge University Press, 2013).

Ursula Seidl, «Assurbanipals Griffel», *Zeitschrift für Assyriologie und Vorderasiatische Archäologie*, 97 (2007): 119-24.

PARA SABER MÁS

Hartmut Kühne, «State and empire of Assyria in northeast Syria», en *Archéologie et Histoire de la Syrie 1: La Syrie de l'époque néolithique à l'âge du fer*, ed., Winfried Orthmann, Paolo Matthiae y Michel al-Maqdissi, 473-98 (Wiesbaden: Harrassowitz, 2013).

Amélie Kuhrt, *The Ancient Near East, c. 3000-330 BC* (Londres y Nueva York: Routledge, 1995).

Joachim Marzahn y Beate Salje, eds., *Wiedererstehendes Assur: 100 Jahre deutsche Ausgrabungen in Assyrien* (Mainz: Zabern, 2003).

Karen Radner y Eleanor Robson, eds., *The Oxford Handbook of Cuneiform Culture* (Oxford: Oxford University Press, 2011).

Johannes Renger, ed., *Assur-Gott, Stadt und Land* (Wiesbaden: Harrassowitz, 2011).

Segundo milenio a.C.

Brian Brown, «The structure and decline of the Middle Assyrian state: the role of autonomous and nonstate actor», *Journal of Cuneiform Studies*, 65 (2013): 97-126.

Jan Gerrit Dercksen, *Old Assyrian Institutions* (Leiden: Nederlands Instituut voor het Nabije Oosten, 2004).

Jan Gerrit Dercksen, ed., *Anatolia and the Jazira during the Old Assyrian Period* (Leiden: Nederlands Instituut voor het Nabije Oosten, 2008).

Stefan Jakob, *Mittelassyrische Verwaltung und Sozialstruktur: Untersuchungen* (Leiden & Boston: Brill, 2003).

Mario Liverani, *The Ancient Near East: History, Society and Economy* (Londres y Nueva York: Routledge, 2014): capítulos 12, 20 y 27.

Aline Tenu, *L'expansion médio-assyrienne: approche archéologique* (Oxford: Oxbow, 2009).

Klaas R. Veenhof y Jesper Eidem, *Mesopotamia: The Old Assyrian Period* (Friburgo: Academic Press; Gotinga: Vandenhoeck & Ruprecht, 2008).

Primer milenio a.C

Joan Aruz, Sarah B. Graff y Yelena Rakic, eds., *Assyria to Iberia at the Dawn of the Classical Age* (Nueva York: Metropolitan Museum of Art, 2014).

Hermann Born y Ursula Seidl, *Schutzwaffen aus Assyrien und Urartu* (Mainz: Zabern, 1995).

Ada Cohen y Steven E. Kangas, eds., *Assyrian Reliefs from the Palace of Ashurnasirpal II: A Cultural Biography* (Hannover y Londres: University Press of New England, 2010).

Paul Collins, *Assyrian Palace Sculptures* (Londres: British Museum Press, 2008).

John E. Curtis y Julian E. Reade, eds., *Art and Empire: Treasures from Assyria in the British Museum* (Nueva York: Metropolitan Museum of Art, 1995).

David Damrosch, *The Buried Book: The Loss and Rediscovery of the Great Epic of Gilgamesh* (Nueva York: Holt, 2007).

Tamás Dezső, *The Assyrian Army 1: The Structure of the Neo-Assyrian Army* (Budapest: Eötvös University Press, 2012).

Frederick Mario Fales, *Guerre et paix en Assyrie: religion et impérialisme* (París: Cerf, 2010).

Albert Kirk Grayson, *Assyrian Rulers of the Early First Millennium BC, vol. 2* (Toronto: University of Toronto Press, 1996).

Isaac Kalimi y Seth Richardson, ed., *Sennacherib at the Gates of Jerusalem: Story, History and Historiography* (Leiden & Boston: Brill, 2014).

Mogens Trolle Larsen, *The Conquest of Assyria: Excavations in an Antique Land* (Londres y Nueva York: Routledge, 1996).

Mario Liverani, *The Ancient Near East: History, Society and Economy* (Londres y Nueva York: Routledge, 2014): capítulos 28-31.

Stefan M. Maul, *Die Wahrsagekunst im Alten Orient: Zeichen des Himmels und der Erde* (Múnich: Beck, 2013).

Simo Parpola y Robert Whiting, eds., *Assyria 1995* (Helsinki: Neo-Assyrian Text Corpus Project, 1997).

Karen Radner, «The Neo-Assyrian Empire», en *Imperien und Reiche in der Weltgeschichte: Epochenübergreifende und globalhistorische Vergleiche*, ed. Michael Gehler y Robert Rollinger, 101-20 (Wiesbaden: Harrassowitz, 2014).

John Malcolm Russell, *Sennacherib's Palace Without Rival at Nineveh* (Chicago y Londres: University of Chicago Press, 1991).

John Malcolm Russell, *From Nineveh to New York: The Strange Story of the Assyrian Reliefs in the Metropolitan Museum and the Hidden Masterpiece at Cranford School* (New Haven y Londres: Yale University Press, 1997).

John Malcolm Russell, *The Writing on the Wall: Studies in the Architectural Context of Late Assyrian Palace Inscriptions* (Winona Lake IN: Eisenbrauns, 1999).

Irene J. Winter, *On Art in the Ancient Near East, Volume I: Of the First Millennium B.C.E.* (Leiden & Boston, Brill, 2010).

Páginas web

Constructores del Imperio Asirio: <http://www.ucl.ac.uk/sargon/>

Excavaciones en Tell Shech Hamad: <http://www.schechhamad.de>

Conocimiento y poder en el Imperio Neoasirio: <http://oracc. museum. upenn.edu/saao/knpp/>

Colección Kuyunjik del Museo Británico: <http://cdli.ucla.edu/ collections/ bm/bm.html>

Livio: Mesopotamia: <http://www.livius.org/babylonia.html>

Nimrud: Materialities of Assyrian Knowledge Production: <http://oracc.museum.upenn.edu/nimrud>

Inscripciones reales del periodo neoasirio: <http://oracc. museum.upenn. edu/rinap>

Archivos Estatales de Asiria en línea: <http://oracc.museum.upenn. edu/ saao>

ÍNDICE ONOMÁSTICO

El trabajo editorial en este libro
concluyó con su impresión
en septiembre de 2024.